U0293378

最好的红茶时光

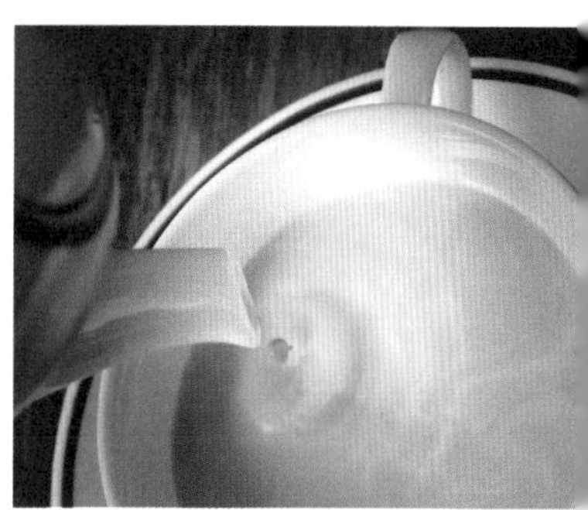

备案号：豫著许可备字-2014-A-00000015

图书在版编目（CIP）数据

最好的红茶时光：最全面的红茶品鉴小百科 /（韩）河宝淑，（韩）赵美罗著；边铀铀译. —郑州：河南科学技术出版社，2015.10

ISBN 978-7-5349-7946-0

Ⅰ. ①最… Ⅱ. ①河… ②赵… ③边… Ⅲ. ①红茶—品鉴 Ⅳ. ①TS272.5

中国版本图书馆CIP数据核字（2015）第224284号

出版发行：河南科学技术出版社
地址：郑州市经五路66号　邮编：450002
电话：（0371）65737028　65788613
网址：www.hnstp.cn
策划编辑：刘　欣
责任编辑：葛鹏程
责任校对：张　培
封面设计：张　伟
责任印制：张艳芳
印　　刷：北京盛通印刷股份有限公司
经　　销：全国新华书店
幅面尺寸：170 mm × 240 mm　印张：15　字数：180千字
版　　次：2015年10月第1版　2015年10月第1次印刷
定　　价：49.00元

如发现印、装质量问题，影响阅读，请与出版社联系并调换。

最好的红茶时光

最全面的红茶品鉴小百科

〔韩〕河宝淑　赵美罗　著
边铀铀　译

河南科学技术出版社
·郑州·

深夜入睡之前给您一杯温暖全身的红茶。

传递一杯茶，可以带来朴素而多情的幸福。

序言

一提起茶，浮在我们脑海中的就是绿茶，但世人饮用最多的却是红茶。从东方传入西方的红茶在西方衍生成一种华美的红茶文化，并再次亮相全世界。

直到20世纪80年代，韩国红茶的生产量都远大于绿茶。20世纪60~70年代，在某个茶馆里悠闲地享受一杯加了方糖的红茶，想必很多人还记忆犹新。但现在，大多数人第一次接触到的红茶，可能只是自动售货机里加了香片的冰红茶抑或是立顿、川宁的茶包。前往咖啡店喝咖啡时，偶然发现选单上的大吉岭、阿萨姆和乌沃等红茶，陌生感顿生的人也不在少数。

红茶以其充满诱惑的红色和茶香再次进入我们的日常生活中。究其原因，在于红茶是有助于人们健康的最好饮品。各大百货商场也都在出售包装于各色茶桶里的世界闻名的红茶。另外，展示着中国、印度、斯里兰卡等的红茶的著名原产地红茶专卖店与日俱增。世界大牌的陶瓷公司的茶具套装随处可见，同时，韩国陶瓷公司的陶艺家们也在为红茶设计漂亮的茶具套装。午后不妨去红茶专卖店的茶室里慢斟慢品上一盏红茶，再搭配上个性特制的司康饼、蛋糕、牛角面包、马卡龙等味道香甜醇厚的茶点，尽情享受这午后惬意的闲暇时光。

从随时随地都可以喝到的溢满花香和果香的香精红茶，到用华丽的茶盏盛放着的高级古典红茶，现在一起来聊聊我们日常生活中接触到的红茶。

首先要了解红茶相关的基础知识，好让我们在挑选红茶时更具慧眼。然后通过书中介绍的多样的红茶，优化我们的挑选方法。红茶的极致魅力吸引着我一定要亲自沏一盏专属于我的红茶。另外，探询各产地红茶的特征和红茶背后的历史文化，逸闻趣事也将伴随我们一起走过邂逅红茶的最美时光。

目录

2
Tea & Culture 红茶和文化

1 Tea Life 红茶生活

Chapter 1 从茶树到制成红茶

ABOUT TEA

红茶是用什么、怎么制成的？

红茶和绿茶、乌龙茶有什么不同？

我所拥有的红茶有什么特性？

一起来看看带给我们一盏茶的悠闲和愉悦的红茶的诞生过程。

茶是由茶树的叶子做成的

我们饮用的茶都是以茶树的新芽叶为原材料制成的。通常，我们可能认为红茶和绿茶分别有各自的茶树。实际上，不管红茶、绿茶还是乌龙茶，都是用茶树的新芽叶制成的。从植物学上看，茶树是隶属于山茶科、山茶属的常青树，学名是*Camellia sinensis*（拉丁文）。

众所周知，茶树的原产地分布在中国的云南、西藏和东南部地区，以及南纬30°和北纬40°之间的亚热带气候区。现在，以中国、印度、斯里兰卡、非洲、东南亚、韩国和日本为中心的世界各地都在广泛栽培茶树。茶香醇厚的高品质茶必备的生长条件是年平均气温14~16℃，最低气温-5~6℃，年降水量1500mm左右，昼夜温差大的高原地带。

为了采茶方便，茶园的茶树长到1m高时就剪枝，再采新长出的嫩芽叶。然而在自然环境里，野生茶树很多可以长到10m以上。

茶树品种

茶树的品种大体上可以分为阿萨姆茶树系列和中国茶树系列两大类。阿萨姆茶树又称印度茶树，叶尾较尖，叶子很大，叶子表面凹凸不平，纤维粗糙。印度的阿萨姆地区、尼尔吉里地区，斯里兰卡等都是红茶的名产地，栽培着大量茶树。

比起阿萨姆茶树，中国茶树的叶子较小，叶尾呈圆形，叶子表面较光润，呈更深的绿色。代表产地有中国的祁门、台湾，印度的大吉岭，韩国及日本等。

阿萨姆茶树系列

Camellia sinensis var. *assamica*

阿萨姆茶树的叶子大部分用于做红茶。叶子大小是中国茶树叶子的两倍，叶子表面凹凸不平，纤维粗糙。叶尾尖尖的，呈浅绿色，无法在冷的地方生长，属热带植被。热带强烈的阳光照射，有利于促使更多让红茶散发特有涩味的单宁的生成。

中国茶树系列

Camellia sinensis var. *sinensis*

中国茶树的叶子表面光润，大小是印度茶树系列的一半。叶尾圆圆的，呈深绿色。耐寒。叶子既可以制作红茶，也可以制作绿茶。大吉岭红茶、祁门红茶等高品质红茶都是用中国茶树系列的叶子制成的。

* **克隆** Clonal

中国茶树系列和阿萨姆茶树系列的杂交品种

叶片大小

根据叶片大小，茶树可以分为大叶种、中叶种和小叶种。中国东南部、台湾，韩国，日本主要以叶子小的小叶种茶树为主，大叶种茶树则主要分布在印度。

耐寒的温带品种的中国茶树系列主要用来制作绿茶。热带生长的阿萨姆茶树系列虽然不太耐寒，却因为吸收了强烈的直射阳光而含有大量的黑色素，能够充分氧化发酵，这些大叶片多用来制作红茶。

茶树的生长过程

1. 繁殖 Propagation

种子繁殖（有性繁殖）

依靠种子发芽后长出幼苗的方法。播种后用干草覆盖。3~5个月后种子萌芽覆一层遮挡物来保护幼芽免于被暴晒。

扦插繁殖（无性繁殖）

用插枝的方法来繁殖。比种子繁殖方便易行，但茶苗的抗病能力较弱。9个月后可以移栽到茶园种植。

1、2. 种子繁殖（有性繁殖）
3. 扦插繁殖（无性繁殖）
4、5. 育苗
6. 移栽
7. 移栽后成活的茶苗

2. 育苗 Seedling

在适宜的水分、土壤、温度等条件下育苗。

3. 移栽 Transplantation

茶苗长到一定程度后移栽到茶园里种植。5年后有望得到实质性的收获。

4. 茶树 Tree

一般茶树的产茶龄为30~50年。

50年后将茶树连根拔起，在原来种茶树的地方种上柠檬草，成长2年后可以还原土壤肥力。

衰老茶树的根　　柠檬草

5. 剪枝 Pruning

剪枝可以增加茶叶产量和枝干数量。

轻修剪 light pruning

为了提高茶叶产量，每隔1~2年在茶叶停采后进行一次轻微修剪。

深修剪 deep pruning

每隔5年剪掉茶树枝，使茶树再生。

重修剪 stumping

50年以上的茶树剪掉根部以上的部分，这样修剪后，茶树再次生产茶叶要花上好几年。

有机农业

把牛粪、土和香蕉树混合在一起氧化发酵，就会自然繁殖出蚯蚓，成为富含矿物质的质量上乘的肥料。给茶树施这种天然的肥料，有利于改善茶树根部土壤，维持充足的水分供给。

红茶和绿茶、乌龙茶有什么不同?

茶有很多品类，一起来了解具体有多少品类吧。

茶的分类方法有很多种。最常用的方法是按照制茶方法的不同分类，可分为红茶、绿茶和乌龙茶。也可以按照茶的产地分类，红茶可以分为阿萨姆红茶、锡兰红茶、大吉岭红茶和肯尼亚红茶等。另外，根据是否添加辅助茶类、香料来混搭冲泡，茶分为清饮茶、拼配茶和调味茶。而红茶根据制茶方法，则可分为传统方法制成的传统红茶和现代方法制成的CTC红茶。

备注：CTC红茶又称红碎茶，CTC是crush（压碎）、tear（撕裂）、curl（揉卷）三个英文单词的首字母组合而成的缩写词。

根据制茶过程、发酵程度分类

根据制茶方法的差异，大体上可以分为绿茶、乌龙茶和红茶。但从植物学上来说它们出自同一茶树，却又分明是三种茶香，茶味大相径庭。这个差异正是因为茶叶发酵程度不同产生的。就算是相同的茶叶，因为氧化发酵的程度不同，茶味和茶香也可以完全不同。

红茶不是靠微生物进行氧化发酵的，而是采摘新芽叶后充分与氧气接触进行萎凋，这和苹果放置在空气中起氧化反应而变色是一个道理；然后茶叶就由黄褐色氧化发酵成黑褐色，就是我们所谓的“black tea”

（红茶）。绿茶则是采摘鲜叶后不发酵，直接杀青、揉捻、干燥，保持了绿色。乌龙茶是相当于红茶制茶发酵到一半程度终止而制成的茶。

红茶虽然是全发酵茶，但是印度大吉岭和斯里兰卡努沃勒埃利耶等高山地带的春茶（越冬后茶树第一次萌发的芽叶），采摘时为了保留鲜叶清新葱绿的色和清香，缩短发酵时间后便直接烘焙了。这样红茶就和绿茶、白茶同色，但茶走味很快、不易保存。

绿茶、乌龙茶文化的发展以中国、亚洲其他地区为中心，红茶文化的发展则主要在欧洲、美国和俄罗斯。这都是在滚滚历史长河中，茶与当地人喜好、饮食生活，气候条件等不断磨合、适应后形成的。

绿茶　绿茶汤色　绿茶泡茶后的茶叶

乌龙茶　乌龙茶汤色　乌龙茶泡茶后的茶叶

红茶　红茶汤色　红茶泡茶后的茶叶

根据红茶原产地分类

原产地环境和气候条件迥异，使各地红茶各有特色。

为了最大化呈现诸多种类红茶的魅力，我们应该首先来了解一下原产地不同的各地红茶的特征。那么，一起来看看主要红茶产地中国、印度、斯里兰卡、印度尼西亚、非洲等的代表红茶及其特征。

产地（国家和地区）	名称		特征
	中文	英文	
印度	大吉岭	Darjeeling	茶味清香爽口，洋溢着葡萄香
	尼尔吉里	Nilgiri	茶味浓烈，气味芬芳高雅
	阿萨姆	Assam	茶味浓烈，麦芽香
斯里兰卡	努沃勒埃利耶	Nuwara Eliya	爽口柔和，带花香、果香
	汀布拉	Dimbula	茶味苦涩，玫瑰香
	乌沃	Uva	滋味醇厚，虽较苦涩，但回味甘甜，薄荷香
	康提	Kandy	茶味苦涩度较低，柔和细腻
	卢哈纳	Ruhuna	茶味浓厚，松烟香
中国	祁门	Keemun	带像蜂蜜一样的鲜香甜味，兰香
	正山小种	Lapsang Souchong	滋味甘醇，松烟香
	滇红	Yunnan	滋味甘醇
中国台湾	红玉	Hongwe	茶味浓厚，肉桂香
印度尼西亚	爪哇	Java	口感温和
非洲	肯尼亚	Kenya	茶味浓烈，带有清新的兰香

OFFICE OF THE
GORKHA SPORTING CLUB

怎么制成红茶?

| A | 传统制茶法

采摘鲜叶后先搁置一段时间萎凋，然后揉捻使茶汁外流。这样做主要是让鲜叶和氧气充分接触，以活化能促进发酵进程的氧化酶。发酵后再进行烘焙，就完成了整个红茶的制茶过程。

现在，在机械化的印度或斯里兰卡的工厂，从鲜叶到制成红茶只需16~18小时。但是时至今日，采摘茶叶主要还是靠纯手工完成的。我们很容易就能喝到的红茶，都是茶园里的人们认认真真亲手一片一片采摘出鲜叶后制造出来的。

1.采茶 Plucking

要采摘大小一致的鲜叶。如果鲜叶的大小不一致的话，在萎凋或者烘焙过程中会导致茶叶水分含量不均，难以制成高品质的好茶。传统上的采茶是手工采摘所谓“一枪二旗” 的一芽两叶。

采茶 Plucking

2. 萎凋 Withering

把鲜叶搬运至工厂后，第一个制茶工序是使鲜叶枯萎的萎凋工序。在大长方形木桶的2/3高度处铺上金属网，这样就做成了一个可以通风的萎凋桶。把鲜叶铺平约30cm厚，鲜叶中的水分会逐渐蒸发，鲜叶会慢慢枯萎。

鲜叶中的水分蒸发到40%~50%大概需要通风8~14小时。

萎凋 Withering

3. 揉捻 Rolling

揉搓枯萎后的鲜叶的工序称为揉捻。揉捻的过程中，茶叶的细胞组织会爆裂，然后叶汁外流。叶汁里的多酚、果胶和叶绿素等物质遇氧气后开始发酵。

揉捻要通过可以将茶叶揉团的洛托凡揉切机（Rotorvane）来完成。茶叶经过金属桶里的洛托凡揉切机机轮被揉切成条块，许多叶汁溢出，从而促进发酵进程。被切成碎块的茶叶就像在倾斜的滑梯上一样随着揉切机的小马达上下、左右摇晃着揉团。这样茶叶整个地接触氧气才能更好地发酵。

揉捻 Rolling

4. 氧化发酵 Oxidation Fermentation

绿色的茶叶通过氧化发酵变成红色。发酵方式分为自然发酵和强制发酵。自然发酵就是在发酵台或是瓷砖砌成的平台上，铺上4~5cm厚的揉捻后的茶叶和空气接触进行发酵；发酵过程应在室温25℃、相对湿度80%~90%的条件下进行20~180分钟。强制发酵是在瓷砖搭建的平台下设置电热器来增温，从而加快发酵。比起自然发酵，强制发酵用时缩短了很多。

氧化发酵是红茶制作过程中很重要的一步，发酵程度受当天温度、湿度的影响而有所不同，所以需要找经验丰富的熟练工人来掌控。

氧化发酵室 Oxidation Fermentation Room

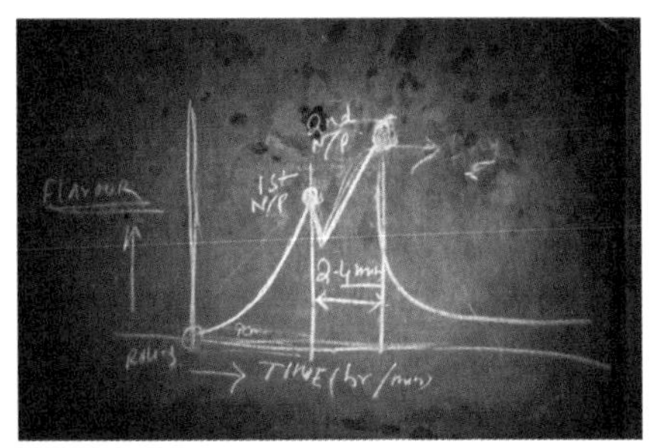

氧化发酵图 Oxidation Fermentation Graph

发酵程度不同呈现的变化

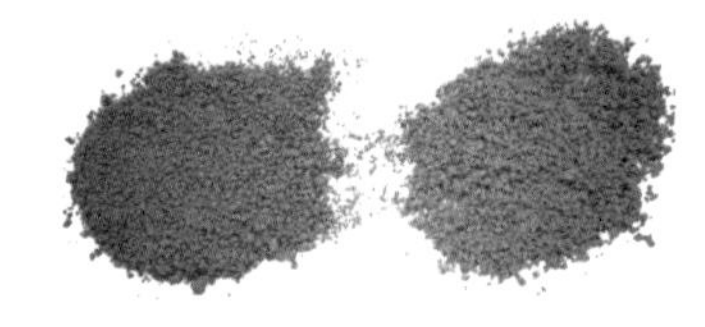

5. 干燥 Drying

干燥茶叶，是为了让茶叶停止继续氧化发酵。这样就需要把发酵好的茶叶送入烘干机，随着烘干机传送带的移动不停地传来热风，从而干燥茶叶。干燥好的茶叶含水量应大约保持在5%，这样易于长久保存。

干燥 Drying

用传统方法干燥的情形

6. 包装 Packaging

干燥好的茶叶热气散尽后搬入加工室，清除多余的茶梗和纤维质，然后按大小分类。多用锡箔或纸来包装茶叶以防潮。

包装 Packaging

| B | CTC制茶法

CTC制茶法是20世纪30年代由英国威廉·麦克尔彻（W.McKercher）研制出的制茶方法。CTC制茶法用特制的切茶机来完成。将经过萎凋、揉捻的茶叶放入拥有压碎、撕裂、揉卷三种功能的切茶机里，在加工过程中，两个不同转速的不锈钢滚柱挤压、撕切、卷曲茶叶，茶叶在凹凸不平的滚柱中滚动时细胞会被压裂，然后滚入斜线凹凸槽被卷曲成圆形的颗粒状。

这就相当于完成了一般制茶中氧化发酵和干燥的过程。全世界有50%以上的红茶都是CTC红茶。

随着CTC制茶法的普及，红茶的制作时间缩短，汤色和茶香加重，价格也更加实惠，并且可以保证一定品质的红茶的大量生产，加工茶制成速溶饮品的市场也在快速发展。

CTC 制茶过程

阿萨姆地区 Amalgamated plantations Tea Estate

采茶叶 ▶ 萎凋（30%的水分蒸发，100kg的鲜叶变成70kg）▶ 揉捻2分钟（细胞爆裂）▶ 通过CTC切茶机30秒（切茶过程进行三遍齿轮会越来越紧）▶ 放茶叶入框18秒 ▶ 氧化发酵45~180分钟（根据温度决定）▶ 干燥20分钟 ▶ 分类

CTC制茶法制成的成品茶按照颗粒大小分级。

根据颗粒的大小，CTC红茶分为8个等级（BOPL是颗粒最大的，ED是颗粒最小的）。

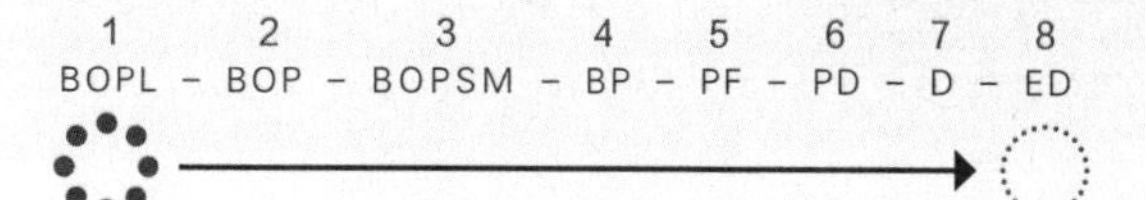

Chapter 2

选出自己的专属红茶

ADING

走进红茶专卖店，发现红茶种类之多让人惊讶。红茶外包装袋上小字写的等级到底是什么意思？是按产地选红茶好还是按季节选红茶好？由此开始陷入无限的迷茫和惶恐。那么，首先来熟悉一下可以代表各类红茶特征和性质的基本等级茶，即特选茶和季节茶。然后列一下选择自己的专属红茶的基本要领吧。接下来，一起来了解可以分析自己所选红茶性质的品茶方法和用不同品类的红茶一起拼配出自己的专属红茶的混合法吧。

红茶的身份——等级

选购红茶时会发现外包装上FOP（花橙白毫）、OP（橙黄白毫）等表示红茶等级的英文标识。此类标识只适用于红茶，不适用于绿茶和乌龙茶。看到这类标识就可以知道茶叶的大小、形状和加工方法。

虽然不能根据等级标识来鉴定红茶品质的好坏，但是可以大概做出预判。举例来说，有代表花的F标识出现表示有花香，因此可以知道此红茶是由生长在好的季节里的上等茶叶做出的。然而，通过品茶来直接鉴定茶的色、香、味是很重要的。

根据鲜叶对茶叶进行分类

茶的特征不仅仅是制茶过程决定的，还取决于茶叶的大小和茶叶在茶树上的生长位置。在这里，我们不用数字而是用名称来展示鲜叶的大小和生长位置。

红茶固有的色、香、味根据当时用哪片叶子而有所不同。越是高品质的茶叶就越多地用最上面的叶子，而越是低品质的茶叶则越多地用下面的叶子。

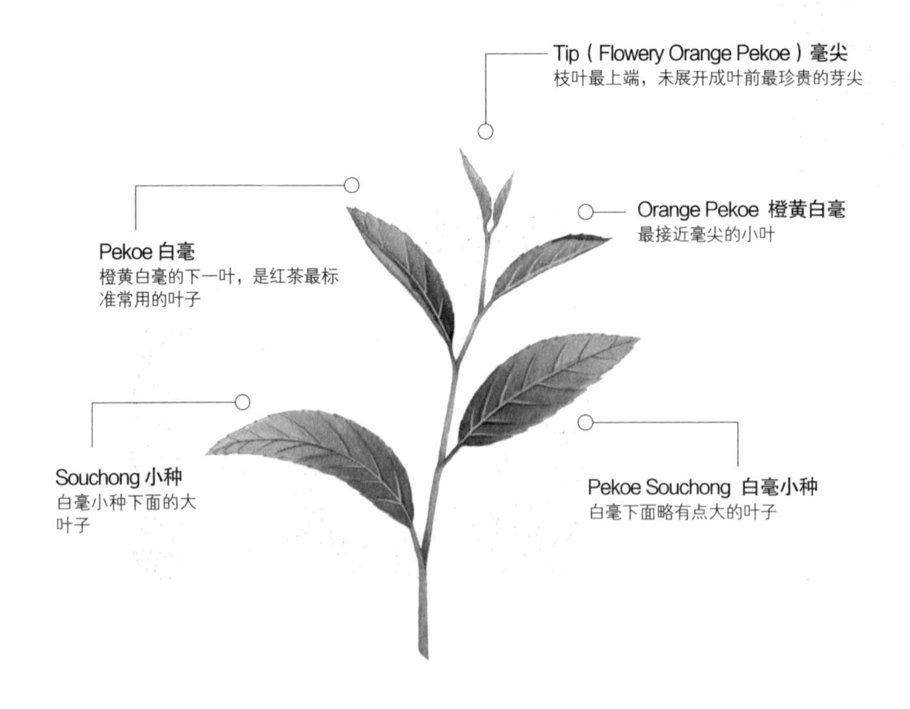

红茶的基本等级

类别	等级	说明
叶茶	FOP 花橙白毫	带特有的花香，所以叫花橙白毫。长10~15mm，含有大量新芽叶。多见于阿萨姆红茶和大吉岭红茶
	OP 橙黄白毫	细长的有毫尖的叶子，含有较多芽叶。汤色鲜亮。多见于印度红茶
	P 白毫	橙黄白毫的下一叶，长且较厚，长5~7mm。汤色深浓，茶味浓烈、刺激
	S 小种	中文称“小种”，叶片厚而圆。汤色较浅，茶味较刺激
碎茶	BOP 碎橙黄白毫茶	切碎了橙黄白毫摇晃后留下长2~3mm的碎茶部分。含有较多新芽叶，茶味柔和，汤色橙红透明。多见于锡兰红茶
片茶和粉末茶	BOPF 碎橙黄白毫片茶	比碎橙黄白毫茶更小，约1mm长。汤色深，茶味浓。多用于做奶茶
	F 片茶	碎橙黄白毫茶筛选下来的小片茶叶。茶色浓暗，茶味浓重，涩味足
	D 茶粉	碎橙黄白毫茶筛选时散在最下面的茶叶。汤色黑而混浊。多用于做奶茶和茶包
CTC红茶	CTC 红茶	不是茶叶等级，而是因为CTC制茶法被赋予的名称。呈颗粒状。多见于印度阿萨姆红茶和肯尼亚红茶

红茶的分类

红茶分级的方法没有统一的标准，有的根据印度、中国、斯里兰卡等生产国或者生产区分类，也有的根据各个生产红茶的工厂分类。因为等级标识代表着茶叶的大小、形状和品质好坏，标准不一的话很难分辨。一般情况下，越小的芽叶做的红茶价格越高。高等级红茶的小芽叶都是手工采的，低等级的大多是机器采的。

成品红茶按形状分为叶茶（Whole Leaf~Leaf Grade）、碎茶（Broken）、片茶和茶粉（Fanning & Dust）、CTC红茶。要是按茶叶的大小分类的话可以细分为8种。如果在等级前加上TIPPY（含有很多新芽叶）和GOLDEN（含有很多金黄芽叶）的话，这类茶的特征就更明显了。

OP

OP(Orange Pekoe) 橙黄白毫

虽然名字里含有橙子这个词语，却不是指水果橙子。它来源于荷兰君王奥兰治・拿骚（Orange Nassau）的名字。白毫（Pekoe） 代表茶叶嫩芽背面生长的一层细茸毛。OP现在也称全叶茶。阿萨姆红茶和大吉岭红茶是橙黄白毫茶叶最具代表性的红茶，茶叶长10~15mm，含有大量尚未舒展开的嫩芽，茶汤颜色为鲜艳明亮的橙色系。

P(Pekoe) 白毫

橙黄白毫的下一叶，长5~7mm，由比橙黄白毫叶子稍大的茶叶制成。

PS(Pekoe Souchong) 白毫小种

用较成熟的叶子制成，比白毫更硬、更粗。茶色、茶香、茶味都很淡。小种则多见于诸如散发着松烟香的正山小种这样的中国红茶。

BOP

BOP(Broken Orange Pekoe) 碎橙黄白毫茶

粉碎橙黄白毫茶时散下来的碎茶，长2~3mm，但品质优良。特征是茶的冲泡方便快捷。虽然短时间就可以冲泡品茶，却丝毫不影响它拥有红茶该有的清爽的涩味和茶香。碎橙黄白毫茶多见于锡兰红茶，已成为高品质锡兰红茶的代名词。不管是泡在茶壶里品尝还是做成茶包都可以。最好的季节里做的碎橙黄白毫茶是显毫花橙黄白毫碎茶。

BP(Broken Pekoe) 碎白毫

切碎了的白毫，叶片小而平。中等或低等品质红茶。

BOPF(Broken Orange Pekoe Fannings) 碎橙黄白毫片茶

比起碎橙黄白毫茶，叶子更纤细，长约1mm。冲泡短短的1~2分钟即可，茶味浓厚。主要用来做奶茶或者茶包。

F(Fannings) 片茶

大小和碎橙黄白毫片茶差不多，长约1mm，但从形状上很难区分两者。若冲泡时间相同的话，比碎橙黄白毫片茶汤色略深，涩味和浓重度也更甚。通常我们把碎橙黄白毫片茶和片茶都归为片茶，但碎橙黄白毫片茶具有茶香更深的明显特征。

D(Dust) 茶粉

茶叶中最小的。在制作碎橙黄白毫茶或者碎橙黄白毫片茶时散下来的碎末，以相对高价买卖。汤色较深，茶味多元。多用于茶包。

特制的红茶、特选茶和季节茶

| A | 黄金毫尖、银色毫尖

茶树最顶部长出的未舒展成叶的1~2cm长的针形新芽就是毫尖。4月大吉岭的初芽和7月斯里兰卡乌沃的嫩芽都是毫尖。因为只能在短时间内手工采摘，制茶过程中也有很多要手工去做，所以生产量很小。在橙黄白毫前面加上Flowery（F）、Golden（G）、Tippy（T）等修饰前缀表示叶子更小、芽尖更嫩等。FTGFOP（Fine Tippy Golden Flowery Orange Pekoe）精制花橙黄白毫表示用优等的黄金毫尖制成的洋溢着花香的橙黄白毫。怎么都好像有种为了区别各类茶叶而强加了这个名称的感觉。

同样是用毫尖做的红茶，因为采摘茶叶的时间和制作方法不同也会略有差异。加入用作茶叶发酵液的水后，泛黄金色的是黄金毫尖，稍稍泛着白色或者灰色的就是银色毫尖。名称里带金和银会让人倍感茶叶珍贵，此类茶对于不喜欢喝红茶的人来说也可感到清淡。没想到这两种红茶放在沸水里冲泡后汤色还是淡淡的，茶香也让人不禁联想到清新、淡淡的青草香，品尝后唇齿间只有丝丝香甜的感觉，真是很美味。但因为产量小、稀有价值高，所以都是通过高价买卖的。而且，最近大吉岭有公司用黄金毫尖和银色毫尖注册了红茶商标，这很容易混淆视听。

所有的红茶都含有毫尖。仔细看OP类型茶叶很多的大吉岭和阿萨姆的茶叶，不难发现含有大量的黄金毫尖和银色毫尖。采摘一芽两叶的茶叶的话，含有毫尖是必然的。BOP类型茶叶含量很多的锡兰红茶虽然细小，却也含有大量的毫尖。这些隐藏在红茶里的毫尖会使红茶的口感柔和，茶味高雅。

FOP等级以上的茶一般是各地茶园或卖茶公司任意贴上的名称，基本意义相同。

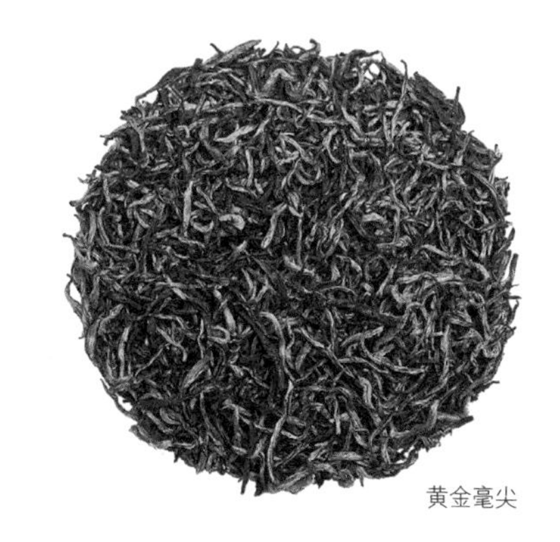
黄金毫尖

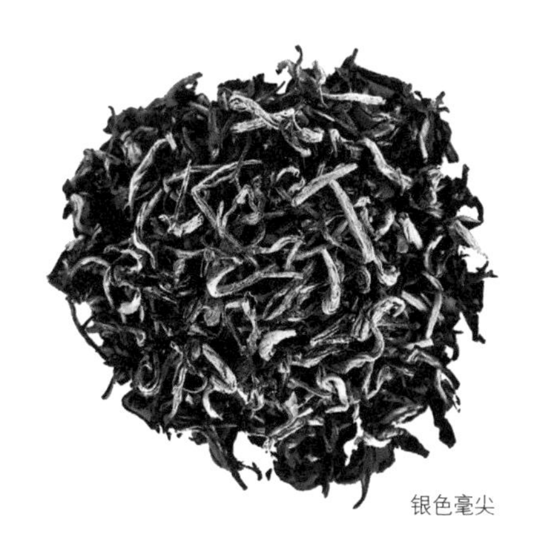
银色毫尖

修饰语	等级	意义
GFOP	Golden Flowery Orange Pekoe	茶叶收获初期，新芽叶泛金色。采这个季节的茶叶制成的红茶
TGFOP	Tippy Golden Flowery Orange Pekoe	黄金毫尖含量相对较高的红茶
FTGFOP	Finest Tippy Golden Flowery Orange Pekoe	含有大量新芽叶
STGFOP	Silver Tippy Golden Flowery Orange Pekoe	含有大量银色毫尖
SFTGFOP	Special Finest Tippy Golden Flowery Orange Pekoe	比FTGFOP含有更多的新芽叶
SFTGFOP1	Special Finest Tippy Golden Flowery Orange Pekoe	“1”是指用最高级的茶叶和最上等的加工工艺制成的红茶之王

| B | 质量季节

同是高品质的红茶，因生产区域和采茶时期的不同，也会有显著的差别。一年中产出最高品质茶的时期被称为质量季节（Quality Season）。它已经成为区别采茶期尤为分明的印度红茶品质的重要衡量标准。各个地区的红茶制成后有多新鲜，比是哪个时期制成的更重要。

大吉岭红茶的质量季节

大吉岭 1号红茶

最近新兴的取少量高品质大吉岭红茶试验制成的红茶。用2月下旬、3月初的新芽叶做出的可以预测一整年红茶品质的试验茶。

其生产量极少，导致上市成品茶也极少。虽还散发着不成熟的茶香，却已有大吉岭红茶所独有的清香爽口、涩感轻快。

春摘(First Flush)

4月上旬开始采摘的初茶。采摘期只有2~3周，所以稀有价值极高。春摘茶都是用橙黄白毫毫尖含量很大的细长茶叶制成的，散发着稍刺激的爽口涩味，茶香芬芳高雅，让人不禁联想起清新的花香和果香。汤色呈绿色，感觉上却像是浅的橙黄色。

次摘(Second Flush)

用5~6月第二次生长出的茶叶制成的红茶。与春摘茶相比，次摘茶受到了更充足的阳光照射，茶香和茶味都更浓郁。次摘茶是大吉岭红茶里最受欢迎的红茶。它含有大量银色毫尖，拥有爽口刺激的浓重涩度的同时带着柔和的香甜。它洋溢着大吉岭红茶极具代表性的麝香、葡萄香，被誉为“红茶中的香槟”。汤色是鲜亮高雅的红色。

三摘(Third Tea)

用8~9月采摘的茶叶制成的红茶。涩味浓重，很有厚重感。品质比起最好季节产的红茶略有下降。汤色是深红色，适用于制作奶茶。

秋摘(Automnal)

用10~11月的茶叶制成的红茶。涩味浓重，极富特色风味，在欧洲用它来做的奶茶很受欢迎。香气较淡，稍带淡淡的草香和果香，汤色呈深红色。

阿萨姆红茶的质量季节

春摘(First Flush)

2~3月的初茶。阿萨姆红茶特有的浓烈感不足，但已散发着香甜的花香。汤色呈浅浅的橙红色。

次摘(Second Flush)

4月中旬到6月是阿萨姆高品质红茶的生产期。次摘茶含有最多的金色毫尖，涩味醇厚。洋溢着甜甜的花香，汤色呈金黄色。

秋摘(Automnal)

秋摘茶从7月持续到12月，一年的采茶以此画上句号。有分量感的涩味很适合做奶茶。茶味有点像烟熏过的落叶味道，很难联想到清爽的画面。汤色红得接近黑色。

尼尔吉里红茶的质量季节

1~2月、7~8月是高品质红茶的收获季，这个时期的茶有着清爽的酸味。洋溢着隐隐约约的茶香 ，茶味柔和，汤色呈鲜亮的橙红色。

质量季节

	1月	2月	3月	4月	5月	6月	7月	8月	9月	10月	11月	12月
大吉岭			●	●	●	●						
阿萨姆			●	●	●	●						
尼尔吉里	●	●					●	●				
汀布拉	●	●										
努沃勒埃利耶	●	●										
乌沃							●	●				

品鉴红茶

品鉴红茶本是专家们用来分析红茶的性质和审评红茶品质的。如果我们也能够理解其中的原理，熟悉品鉴方法，那么我们在自己家里就可以对已选购的红茶进行品评了。若我们学会品鉴红茶的色、香、味和其他特征，就可以在朋友造访的时候或是随着当天的天气和心情选择怡情宜景的红茶了。

找出红茶的特征

红茶的品质因不同的产地、不同的茶叶采摘时期而不同，即使产自同一茶园，也因不尽相同的日照量和通风度而品质高低不一。此外，采茶或制茶当天的天气对红茶品质也有很大影响。因此，品鉴红茶是保证制茶过程中稳定的茶品质的关键举措。要熟知茶的特性，才能合理制定价格和拼配红茶。

每个工厂的品鉴专家都在为保证红茶的稳定品质而不懈努力，他们常常将几种红茶拼配在一起用测评杯鉴定。用测评杯鉴定红茶，需要品鉴者有品别红茶特征的灵敏度和经验。

品鉴场所

专家品鉴

即使消费者无法像专家一样进行品鉴，但只要掌握了正确的方法进行多次试饮，最终一定能选购到遂自己心愿的好茶。

通过品鉴找出高品质的红茶

虽然每个人的口味不同，但通常以鉴定为高品质的红茶所具有的特征为基准来品鉴会皆大欢喜。高品质红茶有着浓淡适宜的茶味、鲜亮高雅的汤色、清雅的香气、光润的茶叶和从茶杯边沿蔓延过来的金黄色。

美味的红茶必备的三个条件 味／汤色／香气

| 味 |

涩味、甜味、酸味均衡一体

红茶味道的主体是涩味。茶叶里含有的单宁，不仅可以生成多一点不行、少一点味道会平平的涩味，还可以生出丰富的茶香。

甜味是依靠属于氨基酸的茶氨酸生成的，而酸味则是依靠咖啡因生成的。好的红茶正是拼配了单宁、茶氨酸、咖啡因而茶味丰富多元。

| 汤色 |

华丽大方的色相。从金黄色到红褐色

大吉岭红茶是浅的橙黄色，阿萨姆红茶是漂亮的红色，尼尔吉里红茶是鲜亮透明的橙黄色。好的红茶汤色不尽相同，却都鲜亮透明、充满诱惑力。

| 香气 |

溢满鼻翼的清爽感

鲜叶本身并无特别的香气，经过加工之后却被活化出原来10倍以上的香气。清新的嫩香、香甜的花香、熟得刚刚好的果香、清爽的薄荷香等，红茶的香气有300多种，因品种、制茶法、产地和采茶时间不同而各有特征。

1. 品鉴红茶专用测评杯（评审杯） 2. 品鉴红茶专用测评茶匙 3. 品鉴红茶专用测评秤（样茶秤） 4. 茶叶
5、6. 专业品鉴

专业品鉴

专业品鉴红茶的基本公式

3g / 150mL / 3分钟

1

称量茶

需使用专门的测评杯（评审杯）、专门的测评秤（样茶秤）称量3g茶叶。

2

烫水150mL

用新鲜的水。需使用做红茶品鉴当地的水。从高处倒烫水入杯，水从高处浇落的过程充分和氧气接触，富含空气，能引出红茶内蕴藏的香气。

专业品鉴不是介绍品出好茶的方法，而是通过确认茶的品质和个性，来真诚地做出为选茶者消除部分疑虑的评价。所以在品鉴的各个步骤中，品鉴专家都会留下品鉴笔记。这个笔记对于消费者有很好的指南作用。

3

冲泡3分钟

请使用专门的杯盖覆盖杯口。用计时器精确计算时间。冲泡至杯内水花冲起的时候就好了。

4

倾茶入碗——使用与茶杯宽度吻合的专用套装茶碗

将茶杯盖着杯盖，使茶流入与茶杯宽度吻合的专用套装茶碗。

5

取出茶叶

茶提取完毕后把茶杯倒置，然后将茶叶全部散在杯盖上。

6

鉴定

确认茶的香气和汤色。

品茶时在舌上稍作停留品其味。评审置于杯盖上的冲泡后的茶叶的香气和颜色。

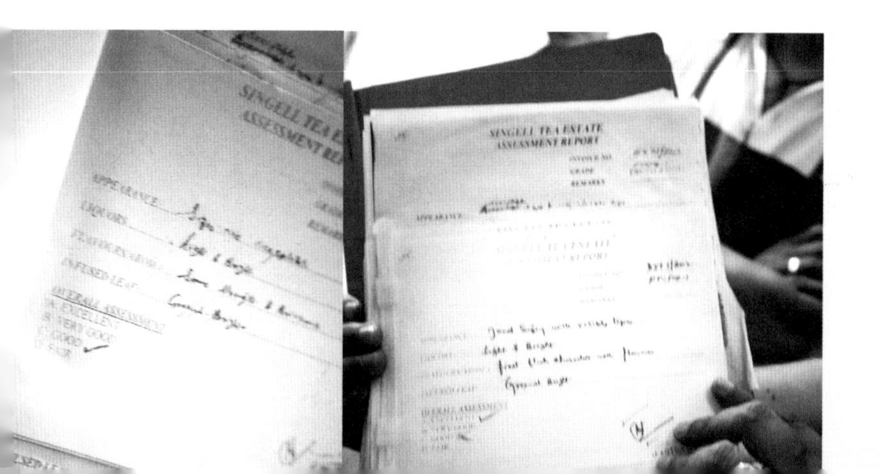
SINGELL TEA ESTATE
ASSESSMENT REPORT

APPEARANCE
LIQUORS
INFUSED LEAF
OVERALL ASSESSMENT
EXCELLENT
VERY GOOD
GOOD
FAIR

品鉴笔记

红茶品鉴评价表

内容	产地：________ 地区 / 茶园名：________ 季节：________ 等级：________
干茶叶	外形：________
品鉴方法	茶叶的香气：________ 水温：________ 冲泡时间：________
特性	________

干茶叶的香气 FRAGRANCE	1	2	3	4	5	6	7	8	9	10
茶香 AROMA	1	2	3	4	5	6	7	8	9	10
甜味 SWEETNESS	1	2	3	4	5	6	7	8	9	10
苦味 BITTERNESS	1	2	3	4	5	6	7	8	9	10
涩味 ASTRNGENCY	1	2	3	4	5	6	7	8	9	10
回味 AFTERTASTE	1	2	3	4	5	6	7	8	9	10
平衡 BALANCE	1	2	3	4	5	6	7	8	9	10
骨感 BODY	1	2	3	4	5	6	7	8	9	10
汤色透明度 LIMPIDITY	1	2	3	4	5	6	7	8	9	10
汤色明暗 COLOR	1	2	3	4	5	6	7	8	9	10

COMMENTS

____

____

日期：________ 评价者：________

红茶评价用语

汤色用语

LIMPIDITY 透明度
DEPTY 浓度
COLOR 明暗

香气用语

FRAGRANCE 干茶叶的香气
AROMA 茶叶在烫水中挥发出的香气
FLORAL 花香
FRUITY 果香
GREENISH 青草香
NUTTY 坚果香
TURPENY 松香
SPICY 香料香
SMOKY 烟熏香
CARBONY 炭香
WOOD 木香
AFTERTASTE 余香

茶味用语

ASTRNGENCY 涩味
ACIDITY 酸味
SWEETNESS 甜味
BITTERNESS 苦味
FRUITY 果味
SPICE 香料味
HERBAL 香草味
BODY 骨感
BALANCE 平衡
FLAVOR 风味
AFTERTASTE 回味

品鉴场所

北向的场所更有利于品鉴干燥后的茶叶和冲泡后的汤色及茶叶。北面开一扇窗，视野开阔、自然光充足的地方是首选。干燥的地面、白色的墙壁和天花板、瓷砖或者大理石材质的鉴定台都是必需的。室内的光照度要保持在70~75lx，温度保持在20~25℃，相对湿度保持在70%~75%。

在家就可以做的、不用专业工具的红茶品鉴

红茶品鉴的基本公式

3g / 350mL / 3分钟

1

准备茶具

在家做品鉴时，有茶壶、3个茶盏和1个电子秤就可以了。

2

放置茶叶

将称量好的茶叶放入茶壶内。

3

烹水沏茶3分钟

注入将要沸腾的95~98℃的水，用计时器准确计时，冲泡时间3分钟。

4
倒茶
将茶倒入茶盏，倒至最后一滴。

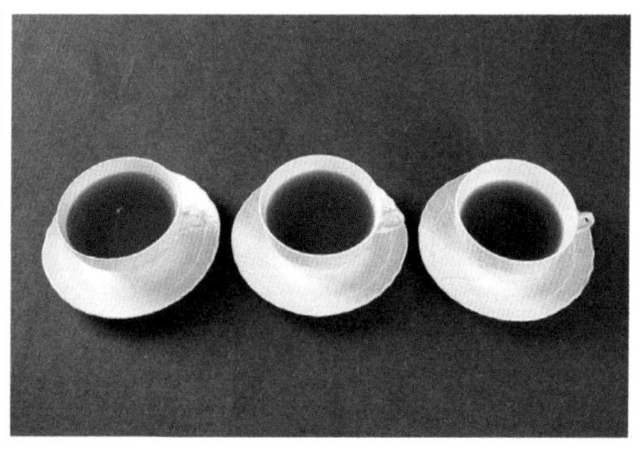

5
鉴定
先闻香，然后看汤色，最后品茶味，特别是涩味。

最后一滴茶是精髓！

最后一滴红茶被称作“至尊滴”。它凝聚了红茶的精华，一定要竭尽诚意倒完最后一滴。

品评红茶时在舌尖上稍作停留，仿佛茶味和香气在跳跃滚翻

首先看汤色，然后用茶匙取红茶入口，鉴定仿佛在舌尖跳跃滚翻的茶味和香气。茶香溢出鼻孔时加以判定。品评茶味后观察一下冲泡后的茶叶。鉴定诸如CTC、阿萨姆等色浓、刺激性较强的红茶时，步骤1前先备一份牛奶，以做成奶茶鉴定其香气和味道。

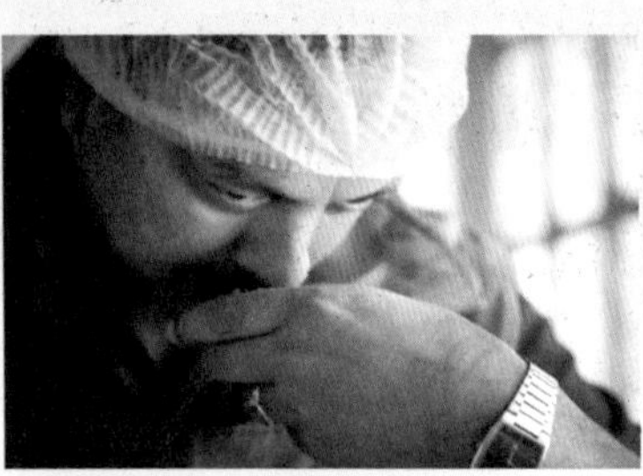

1. 闻香

左右茶味的最大因素就是茶香。品评出红茶所特有的花香或果香等茶香的强弱。

花香、果香、青草香、新鲜的清香、落叶香、熏烟香

2. 观色

使用白色茶盏可以明了地看出茶的汤色。观察汤色时要考虑到对汤色有影响的照明度。

黄金色、橙色、红橙色、红色、红褐色

3. 品味

红茶的茶味首要的是涩味。先品评确认其涩味，然后再品评甜味、苦味等味道的均衡。

浅涩味、中等涩味、浓烈的涩味、有刺激性的涩味、浓厚的重涩味

红茶的再诞生—— 拼配

大型超市和百货商店里摆卖的各种各样的红茶大都是拼配茶。拼配茶一定程度上保留了红茶原有的品质。商品化的红茶是经过专家研究做出来的，不管何时品尝风味都不会变。印度、中国、斯里兰卡等地的红茶因为季风或者气候的变化而受到影响，每年同一时期的红茶的品质都不会是一样的。比如，大吉岭红茶或者祁门红茶从初摘茶到秋摘茶的风味不同，锡兰红茶因为受到从印度洋和孟加拉湾吹来的季风的影响和生产地的不同，茶味和茶香都会出现微妙的变化。

红茶有三大要素：茶味、茶香和汤色。无论哪个要素不足，红茶的品质都会下降。拼配就是为了三者兼备。味道淡的红茶里混合进有刺激性的红茶，汤色浅的红茶里混进汤色深的红茶，茶叶里混进具有个性香气的红茶来凸显茶的香气。

不产红茶的地方想要选购新红茶很有难度，红茶的风味会在到达之前减弱。这时候比起新红茶来说，混进香气浓厚的茶叶做出红茶更为迫切，这就是红茶的再诞生。

通过拼配，既不用扔掉茶叶，又可以从某种程度上保证红茶的品质和连续性的商品供给，从而维持价格的稳定。但拼配红茶确实使茶叶丧失了新鲜度，没有完全保留茶叶固有的特征。

自己的专属拼配红茶

有“红茶之王”美名的汤姆斯·立顿，着眼于即使是相同的红茶，因伦敦、苏格兰、爱尔兰等各地水质的差异，红茶的风味也会不同这一现象，结合地方水质特点，研制对应的拼配红茶进行销售。时至今日，还保留着“伦敦红茶”“苏格兰红茶”“爱尔兰红茶”等地方特产红茶。立顿还雇用了专门的拼配师来制作拼配红茶。

可是就像性格取向、年龄、天气等每日都在变化着一样，每个人的喜好也在变化。我们的专属拼配红茶还是要由自己亲手制成才好。

最容易的方法就是，在从市场上买来的拼配好的红茶里加入合自己口味的茶叶，然后享受这混合口味。接下来，一起来试试拼配不同产地的红茶来制作自己的专属拼配红茶。一旦开始这样在家里拼配红茶，你就会发现自己更有朝着红茶世界进一步迈进的自信了。

找出合自己口味的拼配红茶

想要的口味	适合拼配的红茶
想要涩味浓烈一些	大吉岭红茶、阿萨姆红茶、乌沃红茶
想要香味浓厚一些	伯爵红茶、正山小种、大吉岭红茶、祁门红茶、努沃勒埃利耶红茶
想要汤色深一些	康提红茶、肯尼亚红茶、CTC红茶

拼配，1+1=3

汤色稍淡一点的茶里混入汤色相对重的茶，用来做奶茶专用的茶。

不损害汤色重的红茶原本的茶味和茶香，拼配出汤色纯净的红茶。

个性十足、香气浓烈的茶叶，通过拼配压制原来的香气，制成散发温和香气的茶叶。

香气较弱的茶叶里混入散发浓香的茶叶来强化茶香。

涩味十足的茶通过拼配，制成喝起来相对爽口的茶。

放置时间久、失掉原来风味的茶叶里混进用玫瑰或者菊花等做成的花茶拼配出新的口味。

制出自己的专属拼配红茶的方法

一起试试拼配茶叶，做出自己的专属拼配红茶吧。混合茶叶时要记录下各种茶叶的比例，以便下次调整配方或制出相同口味的红茶。

1. 选出合自己口味的红茶茶叶。
2. 混合茶叶。在茶盏或者茶碗里拼配均匀。
3. 将调配好的茶叶放入茶壶冲泡，然后倒入茶盏来确认茶的色、香、味。

材料 **1人份**

根据口味准备多种茶叶。
只用红茶茶叶拼配时适合放入3种品类的红茶。

茶叶5g
烫水350mL

乌沃和阿萨姆红茶拼配制成早餐牛奶拼配茶

乌沃 70%
阿萨姆 30%

洋溢着薄荷香和优秀骨感的乌沃红茶和散发着甜甜香气的阿萨姆红茶，调和制成清爽感十足的拼配茶，然后加入牛奶，做出给胃减负的早餐牛奶拼配茶。

乌沃

阿萨姆

复活新鲜青草香的努沃勒埃利耶拼配茶

努沃勒埃利耶 60%
大吉岭初摘茶 30%
乌沃 10%

努沃勒埃利耶清爽醇正的口感加上大吉岭初摘茶新鲜的果香，制出极为奢华的茶香。
然后加入乌沃来加深汤色和增重茶味。
刺激性的涩味也适合做奶茶。

努沃勒埃利耶

大吉岭初摘茶

乌沃

合大吉岭红茶的新鲜度，增深红色汤色的拼配茶

大吉岭初摘茶 60%
康提 30%
努沃勒埃利耶 10%

拼配进康提红茶可以激活汤色较浅的大吉岭初摘茶的茶味和加深汤色。
为了强化清爽的茶香，加入努沃勒埃利耶红茶。

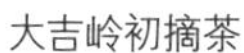
大吉岭初摘茶

康提

努沃勒埃利耶

渗入中国红茶神秘香气的阿萨姆拼配红茶

阿萨姆 50%
正山小种 30%
云南红茶 20%

阿萨姆是可以轻而易举买到的品质卓越的红茶，
但茶香很淡。加入隐隐散发着松香的中国产正山小种和
洋溢着清甜香气的云南红茶后，茶叶就散发着高雅的茶香了。

阿萨姆

正山小种

云南红茶

在阿萨姆里加入肉桂香加重香气的拼配茶

阿萨姆 50%
康提 30%
红玉（日月潭红茶）20%

阿萨姆的汤色是深红色，但是茶味却意外地淡，涩味也适宜，
刺激性很弱，没有余味，口感醇正。加入茶味较浅的康提红茶，使茶的口味变得柔和爽口。
然后再加入有着肉桂香的红玉。

阿萨姆

康提

红玉（日月潭红茶）

茶味浓厚、回味醇正的印度拼配茶

阿萨姆 50%
尼尔吉里 30%
肯尼亚 20%

对于印度人来说，决不能割舍的就是在牛奶锅里直接煮的印度茶。
在阿萨姆的基础上加入回味清爽的尼尔吉里和肯尼亚就是印度拼配茶。

阿萨姆CTC

尼尔吉里

肯尼亚

加深祁门红茶香甜味的拼配茶

祁门红茶 60%
云南红茶 40%

茶味均衡的祁门红茶和柔和甘甜的云南红茶调和后，
涩味和汤色不足的云南红茶蜕变成高品质红茶。

祁门红茶

云南红茶

加入红茶的普洱拼配茶

普洱熟茶 60%
云南金毫 40%

让人联想起地瓜甜味的云南红茶汤色较淡，和普洱茶拼配后汤色会加深，茶味变得柔和，
散发着高雅的芳香。用台湾的东方美人茶替代云南红茶也可以。

普洱熟茶

云南金毫

Chapter 3

红茶的茶味

MECHANISM

红茶只冲泡一次就可以饮用了。红茶的碎茶系列冲泡多次的话，会有细小的纤维出来，汤色会变混浊，茶味也会大打折扣。所以，决定红茶味道的水量、水温和冲泡时间需要悉心关注。

泡出好茶味的四大要点

我们在市场上购买到的红茶大多是粉碎的红茶拼配茶。红茶只冲泡一次就可以饮用了。红茶的碎茶系列冲泡多次的话，会有细小的纤维出来，汤色会变混浊，茶味也会大打折扣。所以，决定红茶味道的水量、水温和冲泡时间需要悉心关注。

为了最大限度地诱发我们的专属红茶的魅力，首先要牢记四大要点。

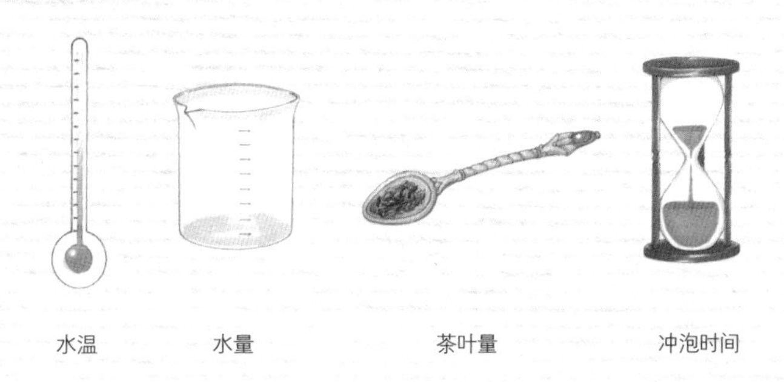

水温

要想使红茶的色、香、味充分出来，就要好好留意能提取出单宁和咖啡因的水的温度。最适宜的温度是含氧量很多的93~98℃。

泡红茶一定要用新鲜的水。当水壶里像露珠一样的气泡密集地翻涌，5~6个直径1cm的泡沫出现就可以关火了（温度在93~95℃）。煮的时间太久水中的氧气会消失，茶味无法被充分激发出。

90℃

水温90℃时，水壶边缘有很小的气泡产生，最后发展成直径5~6mm的气泡。气泡一起，水面就会有水波产生，这时水温为95~96℃。

98℃

水温98℃时出现白色的大水波，水面来回晃动。此时应关火。这是冲泡茶叶最好的水温状态，会有“跳跃（jumping）”产生。

99℃以上

水温超过99℃后，水中的氧气会消失，不能充分地激发茶叶产生“跳跃”。

水量

由于茶叶的品质、特性、新鲜度、是否拼配等因素的影响，最后的成品茶量会有不同。因此，泡红茶计算水和茶叶的量时，以水量为基准比以茶叶量为基准更合适。

品鉴红茶时，3g、150mL的标准只是用来鉴定红茶性质的，不是平时饮用的标准。一般我们饮用红茶时常配有茶点，所以肯定不止饮用1杯。平时应按最少一个人也要喝2~3杯的标准来泡茶。1人份的水量是茶盏2.5杯（140mL×2.5杯），合计350mL。

茶叶量

1人份的水量是350mL，对应的茶叶量一般是2茶匙。但若使用能将涩味等茶的特征更好地激发出来的软水，这样茶叶量就会略多。

因此，1人份的水量350mL，满满1茶匙茶叶或者稍稍不满2茶匙都可以。

◊ 根据茶叶类型和特性酌情加减量。

冲泡时间

提取茶叶成分的时间随着茶叶的大小而不同。一般粉碎的BOP是3~4分钟，OP是5~6分钟。茶叶大的话跳跃所需的时间就长一些。

茶叶冲泡时间越久，茶味就越浓重，汤色也越深。如果茶味比预想的要重的话，可以另找盛有烫水的茶壶调节浓度后再饮用。

冲泡红茶的标准（1人份）

水温	98℃	使用新鲜的水 / 沸点前的温度
水量	350mL	一人喝2~3杯时的水量
茶叶量	2茶匙/4g	中硬水或软水的话茶叶量就少一点
冲泡时间	2~6分钟	全叶茶5~6分钟 / 粉碎茶3~4分钟 / 茶包2分钟

红茶茶味的秘密武器——跳跃

茶壶里茶叶的跳跃就是红茶茶味的秘密武器！

泡出好喝的红茶的关键词就是跳跃。置茶叶入茶壶后猛地注入新鲜的烫水，水中的氧气会随着气泡的产生而紧贴在茶上，因此而产生的浮力促使茶叶往上浮起，浮起后的茶叶因为含有水分，几分钟后就又像眼睛闭上那样慢慢下沉了，气泡消失3~5分钟后茶叶大部分都沉入壶底。这个现象就叫作跳跃。只有充分跳跃，红茶的色、香、味才可以充分发挥。如果跳跃没有完全成功，红茶的茶味和茶香都会很弱。

茶叶在烫水里因对流而反复上下翻滚回转，
就可以激活散发茶香和茶味的茶叶成分。

产生跳跃的条件

1. 使用富含氧气的新鲜水

2. 烫水温度在93~98℃

不是煮沸后冷却的水，而是使用煮沸之前的新鲜水。完全达到沸点的沸水损失了氧气，不能成功助力茶叶跳跃。

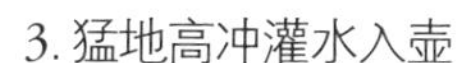

3. 猛地高冲灌水入壶

用正确温度的烫水在一定高度（离茶叶30cm处）猛地朝茶叶浇下，这样所有的茶叶都会随着细微的泡沫一起浮起。

4. 圆满实现对流运动的圆壶

浮起的茶叶慢慢沉下后会再次浮起。像球一样的圆壶会保证这个对流运动不受阻碍地自然圆满完成。

5. 保持水温

为成功提取出跳跃过程中产生的咖啡因、单宁等，烫水的温度需保持在90℃以上。为保持高温，提前烫壶和给茶壶套上茶壶套尤为重要。

跳跃的过程

没有圆满实现跳跃的原因

- 使用了煮沸很久的，放置了很久、含氧量少的或反复煮的水。
- 使用了温热的水。使用80~90℃的水茶叶虽然会产生跳跃，却无法充分提取出茶叶里的咖啡因和单宁。
- 水壶口紧贴茶壶小心翼翼地倒入水，或者水壶口太小，灌入水的力度不够。

应该使用什么样的水冲泡呢？

水煮到什么程度很重要，而水本身的性质也很重要。

使用合适硬度的水可以柔化红茶的茶香和茶味，压制刺激性的涩味。红茶中的单宁（儿茶素类）和水中含有的钙、镁化学反应后，对红茶固有的色、香、味有一定影响。

即使用相同的茶叶，不同地区冲泡出的红茶的色、香、味也有所不同。原因在于不同地区的水中矿物质的含量不同。用钙、镁含量适中的水冲泡红茶的话，甜味会很好地散发出来；钙、镁含量过多茶水则会发苦。提前知道这些，有助于我们冲泡红茶时选择合适的水。

根据水中含有的矿物质成分的多少，可将水分为硬水和软水。把代表性的矿物质成分钙、镁都换算成碳酸钙后数值化，根据此数值来表示水的硬度。矿物质含量100mg/L以下的是软水，100~300mg/L的是中硬水，300mg/L以上的就是硬水。

软水（三多水）

软水
（矿物质含量
30~100mg/L）
康提、尼尔吉里和肯尼亚等色、香、味都较弱的红茶，用软水冲泡的话会增强色、香、味，并使其具备适当爽口的涩味，茶香和茶味都会充分发挥出来。

中硬水（Volvic富维克）

中硬水
（矿物质含量
100~300mg/L）
使用中硬水可以柔化乌沃、努沃勒埃利耶、大吉岭初摘茶和三摘茶等红茶特有的刺激性涩味，弱化茶香，汤色呈深色，色感增强。

硬水（Contrex）

硬水
（矿物质含量
300mg/L以上）
用片茶和茶粉等碎茶叶做的拼配茶和茶包、散发着浓浓松烟香的正山小种或香味很浓的香草拼配茶等，用硬水冲泡的话可以减弱茶味，弱化茶香，饮用起来更爽口。

自来水

不喜欢用自来水是因为它有氯气味。自来水使用净水机净化、去除氯气，就可以成为很好的泡茶水。拧大水龙头灌满水壶，就可以得到含氧量较大的水。

泡红茶如果用硬度太高的水，茶叶里的单宁会和水中的钙、镁进行化学反应，使汤色变得像咖啡一样黑而混浊，进而损失掉红茶原本的茶味和香气。如果用硬度过低的软水，会过多地激发出红茶的成分，使红茶的涩味加重、汤色变浅，失去原有的漂亮色泽。

大吉岭三摘茶用依云（evian）矿泉水和三多水冲泡出的汤色差异

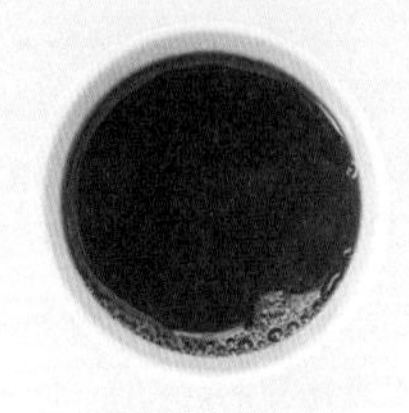

硬水冲泡的红茶
依云矿泉水

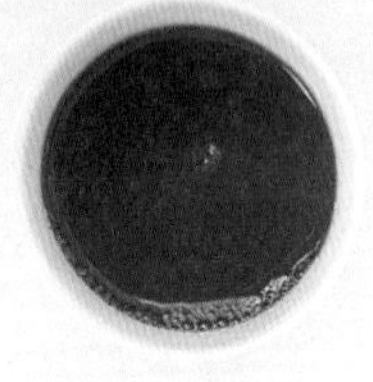

软水冲泡的红茶
三多水

欧洲的水硬度较高，不适合冲泡红茶。但岛国——英国的水多是硬度相对较低的中硬水，所以红茶在英国得到了普遍推广。英国的水硬度适中，柔化了红茶的茶味和香气，适当压制了涩味，加深了汤色，这样的红茶同样适用于做奶茶。

韩国的水大部分是矿物质含量在20~100mg/L的软水，泡出的红茶正好和英国相反，汤色较浅，却有浓重的茶味和香气。泡茶时茶叶要相对放少一点才可以压制涩味。

为红茶增添风味的牛奶

热变性低的低温杀菌牛奶是红茶首选的牛奶搭档!

红茶里加入牛奶可以缓解涩味，变得口感丝滑，此时搭配含有乳脂肪的小酥饼更是妙不可言。牛奶大体上可以分为低温杀菌牛奶和超高温杀菌牛奶。韩国市场上原来普遍流行的是超高温杀菌牛奶，但最近各色各样的低温杀菌牛奶也渐渐兴起。低温杀菌牛奶的蛋白质热变性很低，虽然没有麦片那样独特的牛奶味，但是口感新鲜，回味香甜。

低温杀菌（LTLT: Low Temperature Long Time）

因为原奶必须经过60℃、30分钟或者75℃、15秒的杀菌过程，所以市场上只有少数几个地方卖低温杀菌牛奶。低温杀菌牛奶的优点是更大地减弱了对牛奶里营养素的破坏；缺点是杀菌温度低，会有残留的微生物，贮藏难度大，生产费用较高。

超高温杀菌（UHT: Ultra High Temperature）

现在，最常用的方式是在130~135℃下进行2~3秒杀菌。超高温杀菌大大降低了因微生物繁殖而引起变质的可能性，高温下一部分营养素变性而散发出香喷喷的味道。有较高的生产性和稳定性。

60℃ 30分钟杀菌

75℃ 15秒杀菌

130℃ 2秒杀菌

最适合红茶的搭档是低温杀菌牛奶，

但要想享受红茶的浓厚感，应搭配超高温杀菌牛奶。

用低温杀菌牛奶搭配红茶做出的奶茶，虽然色感清晰地呈现出褐色系的奶咖色，但没有融入口中的食感和黏稠的分量感。

做奶茶时，使用低温杀菌牛奶的话不用单放水，直接将100%的牛奶和茶叶放在一起煮就可以了。含有脂肪球和蛋白质的酪蛋白胶粒（使牛奶呈现出白色的成分）随着加热会浮起，下面的部分就会变成和水相近的很低的浓度，茶叶吸收水分后充分舒展开来。这样做出的奶茶颜色深却有干净的口味。

超高温杀菌牛奶在经历杀菌过程时，钙和蛋白质含量减少，从而散发出特有的香味，喝起来好像有黏在嘴里的黏稠感，由此会削弱红茶的香气。用超高温杀菌牛奶做奶茶时茶叶不会完全舒展，想要完全提取茶的成分很困难，所以一定要预先将茶叶放入水中，待其充分舒展开后再放牛奶。

砂糖　砂糖有很多种类。请根据砂糖形状选择使用。

砂糖是品茗者根据个人喜好放入的调味剂。有的人喜欢品味红茶原有的茶味而不放砂糖，也有的人喜欢放入砂糖来减弱红茶固有的茶味。特别是想要品味甘甜的茶的话，砂糖是必不可少的。

在红茶中加入不同形状的砂糖，带来不同的愉悦感。

1. 白砂糖：最适合放入红茶中的砂糖。
2. 方糖：含一块在嘴里，喝一口茶，然后享受在口中溶化的愉悦感。
3. 粗糖：放入红茶慢慢溶化，享受这茶味变化的愉悦感。
4. 棍棍糖：浸泡在红茶里慢慢溶化后享用。

Chapter 4

红茶的冲泡

制成所有红茶系列产品的基础都是从制出一杯红茶开始的，不管是清凉的冰红茶、香柔的奶茶，还是充满着异域风情的浓香的印度茶和哪儿都可以享用的茶包。一起去寻觅诱出红茶所有魅力的方法吧。

基础红茶冲泡

如果理解了如何引出红茶茶味的原理，那么就能制成一杯好茶了。首先学会基础红茶的冲泡方法，然后才可以驾驭所有系列的红茶。新鲜的水、适宜的温度、适量的茶叶、刚刚好的冲泡时间，一杯好茶就诞生了。

制成所有红茶系列产品的基础都是从制出一杯红茶开始的，不管是清凉的冰红茶、香柔的奶茶，还是充满着异域风情的浓香的印度茶和哪儿都可以享用的茶包。一起去寻觅诱出红茶所有魅力的方法吧。

基础红茶冲泡

1人份
茶叶5g / 烫水350mL / 3~4分钟

1
用茶匙将适量茶叶放在烫好的茶壶里。

2
在离茶叶20~30cm的高处灌入新鲜的即将沸腾的水。

3
用计时器准确计时。温度低的冬天给茶壶套上壶套，冲泡时间到了之后轻轻晃动茶壶，使茶水浓度均匀。

4
倒茶时，把滤茶网放置在烫好的茶盏上。

冲泡类似大吉岭初摘茶这种发酵度低的红茶时，水温应降至90℃。

5
倒茶入茶盏后，茶壶中剩下的红茶倒在另外的茶壶中。

黄金法则

可以成功引出茶本来的茶味和香气的基本法则。

可以充分引出茶味的5大重要基本法则：

1. 使用优良茶叶
2. 预热茶壶
3. 准确测量茶叶量
4. 使用新鲜的烫水
5. 遵守冲泡时间

红茶的色、香、味

单宁生成的茶的色、香、味。

茶叶在茶壶里冲泡后，倒入茶盏时应兼备色、香。红茶里的4种儿茶素是单宁和使红茶呈现颜色的儿茶素氧化反应而产生的。单宁不仅是涩味的来源，还是让人联想到玫瑰和紫罗兰的红茶特有茶味的要素。另外，红茶里的咖啡因是强烈的刺激性和苦味的主要来源。

中国式红茶冲泡

说起中国茶，大家可能首先想起的是乌龙茶，但中国却是红茶的发源地。中国人冲泡红茶时，习惯将茶叶放在很小的茶壶或者有盖子的盖碗中，并且饮用多次。这里介绍一下使用小巧可爱的中国式盖碗冲泡红茶的方法。

独自一人想要小饮一杯红茶时，小巧的中国式盖碗不失为一个好的选择。而此时，配有盖子的盖碗兼具了茶壶和茶盏的功能。独自一人品尝红茶时强烈推荐盖碗！

或者准备盖碗外另备小茶盏，盖碗充当茶壶的作用，放入茶叶进行冲泡，然后用茶盏给客人斟茶品用。中国式冲泡的茶叶量充足，时间间隔较短，可多次冲泡饮用。

只冲泡品饮一次

把茶叶放入小盖碗里，用烫水冲泡后即可饮用。

1人份
中国红茶1茶匙（2g）/烫水100mL

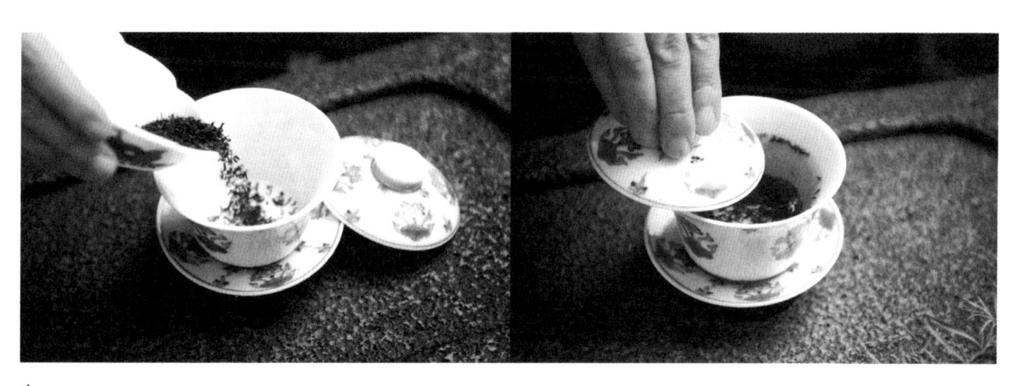

1
将茶叶放入盖碗，灌入烫水，盖住茶碗。

2
5分钟后打开碗盖即可享用。

两个人冲泡品饮两次

盖碗充当茶壶的作用冲泡红茶，
然后分茶入盏品饮。
加大茶叶量，
缩短冲泡时间，可以多冲泡几次。

2人份
中国红茶2茶匙 / 烫水100mL+100mL

1
将茶放入盖碗，灌入烫水。

2
冲泡2分钟后，分别倒入2个50mL的茶盏（第一次冲泡）。

不能熟练使用盖碗斟茶入盏的话，也可用另外的茶器。

3
再次灌入烫水，冲泡1分钟即可分茶入盏（第二次冲泡）。

Tip 如何选购盖碗

- 选择茶盏、碗盖、茶托一起拿起时有安定感的。
- 和自己的手大小相称，托起容易，感觉轻。
- 碗盖弧度较大可以含住香气。

清凉的夏季红茶——冰红茶

酷暑炎炎的夏天，一杯装满水晶一样的冰块的冰红茶绝对是清凉身心的不二之选。如果可以熟练掌握把红茶的透明度发挥到极致的冰红茶的制作方法，那么就可以延伸出很多花样的冰红茶菜单咯。

适合做冰红茶的优质茶叶

冰红茶最大的魅力是透明鲜亮的汤色。印度产的尼尔吉里红茶，斯里兰卡产的康提红茶、汀布拉红茶，非洲产的肯尼亚红茶等，都是适合做出清凉感十足的冰红茶的优质茶叶。

大吉岭、阿萨姆、乌沃、努沃勒埃利耶等红茶含有大量单宁，茶性强烈的茶叶很难显出清凉感，适合加入牛奶后用于制作冰奶茶。

冰红茶	尼尔吉里、康提、汀布拉、肯尼亚CTC
冰奶茶	大吉岭、阿萨姆、乌沃、努沃勒埃利耶

制作基础冰红茶

想要充分激发出冰红茶的清凉感，关键在于两次急冷。

将茶叶充分冲泡后，倒入放有冰块的玻璃杯充分稀释，虽然这样可以制出冰红茶，但是玻璃杯里的冰红茶下冷上热的温度差会导致单宁聚集在一起，从而变成混浊的奶油色红茶。两次急冷则可以保持冰红茶的清凉感。

2人份
茶叶2茶匙（4g）/烫水200mL/冰块适量/糖浆适量

1
用茶匙量取茶叶，放入茶壶。

2
将烫水灌入壶中充分冲泡5~6分钟。

3

用滤茶网将冲泡后的红茶过滤到已经放入三成满冰块的宽口容器中。

有其他用途的冰红茶盛放于容器中常温保存。

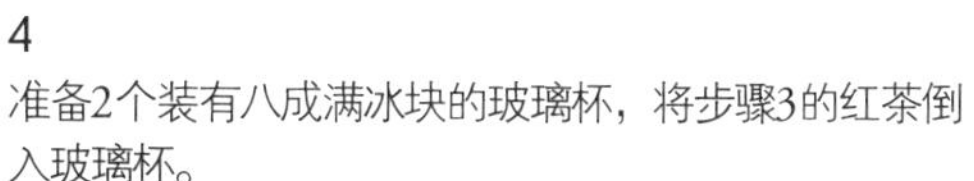

4

准备2个装有八成满冰块的玻璃杯，将步骤3的红茶倒入玻璃杯。

注意！

关键在于用冰块急冷。
如果放在冰箱里慢慢地降低温度的话，
会导致汤色变混浊，出现冷后浑现象。

Tip 什么是冷后浑现象（cream down）？

相信很多人都曾遭遇过在家里制作冰红茶时，汤色变成白蒙蒙的一片混浊的经历。这就是冷后浑现象。烫水中被破坏的单宁和咖啡因冷却后结合在一起，生成涩味，并使汤色变混浊。采用不使用烫水的冷浸法的话不会出现冷后浑现象，可以制出透明感十足的红茶。

冷浸法

冷浸法是把红茶放入冷水中制成冰红茶的最简易方法。这种方法不仅能激发出清爽的口感，咖啡因少的话红茶尚可以保存几日。

大吉岭或者努沃勒埃利耶等在高地栽培的茶香芬芳、涩味强烈的茶叶，尤其适合用冷浸法处理。其实不管是哪种茶叶，只要用冷浸法处理，都会变成温和而清爽干净的红茶。水质的话，软水比硬水更合适，用软水可以充分激发红茶固有的风味。

茶叶15g/水2L

1
将2L的宝特瓶中的水取出少量，放入15g茶叶。

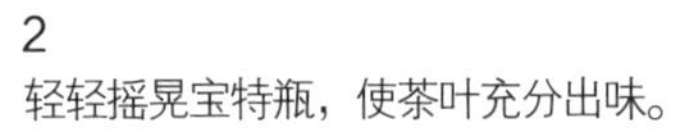

2
轻轻摇晃宝特瓶，使茶叶充分出味。

3
常温下浸泡8小时后提取红茶。

4
过滤出茶叶后装入瓶中，放在冰箱里保存。

注意！

如果打算放入冰块制成冰红茶，需稍微多加一些茶叶并延长浸泡时间。

用砂糖做糖浆

1. 在食物搅拌机里放入500g砂糖。
2. 倒入烧开后冷却的水350mL。
3. 搅拌5~6分钟后放置30分钟，得到约700mL的糖浆。糖水浓度高，所以也可以常温下保存，但是保存容器务必用热水消毒。

制作红茶糖浆

准备材料：红茶茶包4个，水300mL，砂糖200~300g，柠檬汁少许

1. 将水倒入锅里烧开。
2. 将4个茶包放在烧开的水里，再煮一会儿关火，盖上锅盖放置10分钟。
3. 捞出茶包，放入砂糖，溶解2分钟。
4. 再次开火，待水开了之后加入柠檬汁，小火煮10分钟至糖浆呈团状且又软又滑。

迷人的奶咖色——奶茶

红茶深受人们喜爱的原因之一正是和牛奶的不期而遇。牛奶可以使红茶的涩味柔和并馈赠给红茶丝滑的口感。

制作奶茶时放入牛奶，挑选出茶香、茶味都个性十足的茶叶很重要，更应该使用可以散出诱人的奶咖色的茶叶。

像英国那样水中碳酸钙含量多、水质硬度高的地方，大部分茶叶都会呈现深红色或者黑红色，放入牛奶后很容易出现迷人的奶咖色。但是像韩国这样水质硬底低的地方，泡出的茶汤色浅，很难制出高雅的奶咖色，必须使用汤色深的茶叶。

茶叶的挑选

适合奶茶用的茶叶分别是印度产的大吉岭、阿萨姆，斯里兰卡产的乌沃，中国产的祁门等。大吉岭红茶里初摘茶不适合做奶茶，三摘茶和秋摘茶等汤色深的茶叶更适合。市面上销售的红茶多为拼配茶，拼配茶多适合做奶茶。

奶茶	大吉岭、阿萨姆、乌沃、祁门、英国早餐茶等
印度茶	阿萨姆F、阿萨姆D、斯里兰卡BOP、CTC

基础奶茶制作

按个人爱好放适量常温的牛奶入茶盏。
先放牛奶还是后放牛奶都可以。

2人份
茶叶2茶匙（4g）/烫水350mL 低温杀菌牛奶20~30mL

1
即使要放入的是新鲜的牛奶，为使红茶温度适宜，应先烫茶盏搁置。

2
用茶匙量茶入壶。

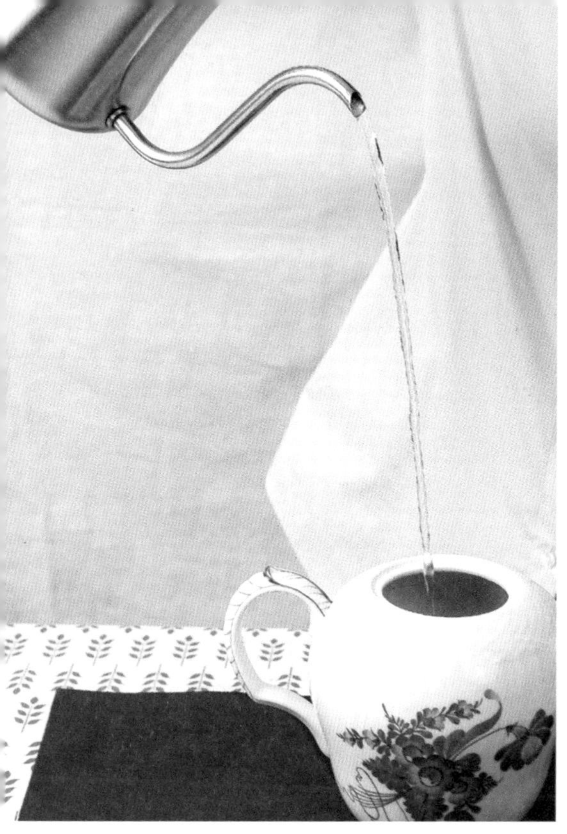

3
在20~30cm的高处灌烫水入壶。

4
将20~30mL的低温杀菌牛奶倒入预先烫热的茶盏里。

5
将冲泡后的红茶倒入茶盏。为消除温暾感，只倒入九成茶。

疲劳的特效药——印度茶

制作印度茶，不使用水壶或茶壶，而是放水和牛奶，茶叶直接在锅（奶锅）里煮。煮后醇香浓厚的印度茶成为消除疲惫感的特效药。印度的火车上也售有简易的印度茶——放入砂糖和红茶茶包的热腾腾的奶茶。不过这种简易的印度茶已然足够缓解旅途的疲惫了。

印度茶茶盏用陶器、玻璃或瓷器等材料均可引出固有的茶味。奶茶本身口感浓厚，切勿选择口感重的茶点。

茶叶的选择

印度茶最常选用的是和牛奶一起煮时能很好地散发风味的粉碎茶类，比如阿萨姆、乌沃、卢哈纳等。印度最常用的是阿萨姆红茶。片茶（F）、茶粉（D）和 CTC最常用，因为提取时间短。

基础印度茶制作

低温杀菌牛奶中无须加入烫水，只放牛奶也可以。市面上很容易选购到的超高温杀菌牛奶中必须放入水。

2人份
茶叶3茶匙（6g）/牛奶240mL 烫水160mL（水40%、160mL，牛奶60%、240mL，混合后400mL）
砂糖适量

1
奶锅里放入水，煮开后关火，放入茶叶冲泡5~6分钟。

2
茶叶全部舒展开后倒入牛奶。

3
奶锅里出现微小的泡沫直至全部咕噜咕噜煮开后
关火。煮得太过茶叶和牛奶的风味会有损失。

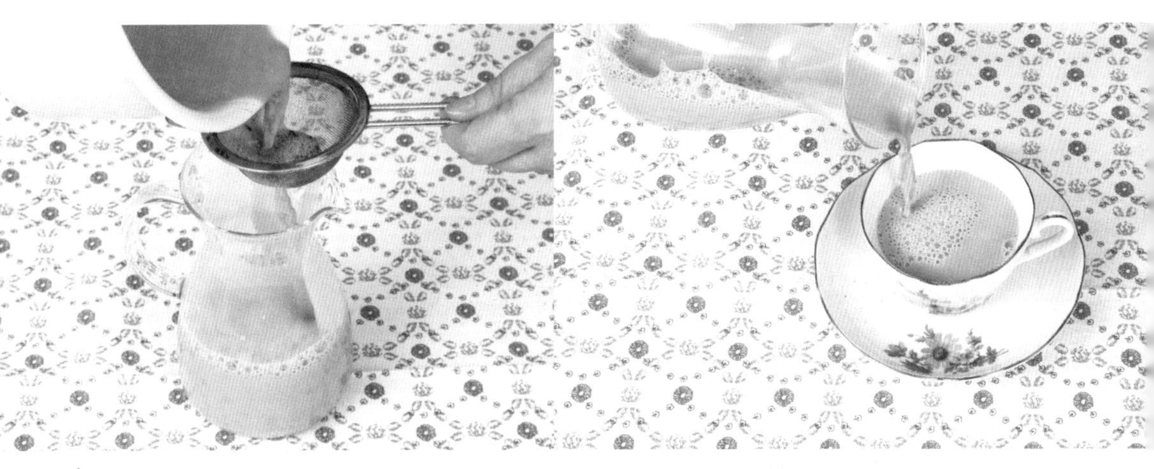

4
用滤茶网过滤掉茶叶，盛入茶壶后再分入茶盏。
砂糖和牛奶一起放入或者根据个人口味后期放入都可以。

玛莎拉茶（Masala Tea，五香印度茶）

玛莎拉茶是将五香配料混合后粉碎，和茶叶一起煮的印度特色茶。玛莎拉茶里混有药材作用的香料，是暖身、御寒、消除感冒的最好饮料。

虽说玛莎拉茶在市面上很容易购买到，但我们还是在家亲手粉碎各种香料试做一下吧。玛莎拉茶使用最多的香料是小豆蔻（Cardamon）、生姜（Ginger）、丁香（Clove）、肉豆蔻（Nutmeg）、桂皮（Cinnamon）等，可根据个人爱好调配。这些香料在百货商店或大型超市的香料区都很容易买得到。

红茶最佳五香配料的种类和特征

小豆蔻 *Cardamon*

因是咖喱粉的原料之一，故香味广为人们所熟悉。带有清爽刺激的辛味，典型的东方香气。摘下果实，享用里面的种子的清凉感。

桂皮 *Cinnamon*

皮厚。煮时会有甜味和浓郁的桂香。也可磨成粉使用。

生姜 *Ginger*

生姜冒出的刺激感，芳香辛辣。干姜捣碎，生姜切片使用。

丁香*Clove*

粉碎头部会散发出苦味和独特的香甜。

八角茴香 *Star Anies*

中国料理最常使用的调料。香味很浓，所以放入少量就可以了。

黑胡椒 *Black Pepper*

为驱除牛奶的奶腥味使用。

肉豆蔻 *Nutmeg*

具有香甜芬芳的香气。去皮、粉碎后使用。

玛莎拉茶制作

2人份
茶叶3茶匙（6g）
五香配料［小豆蔻3个，丁香2个，桂皮1块（2cm×2cm），八角茴香1个，黑胡椒3个］/牛奶240mL
烫水160mL

1
在奶锅中放入水和适量捣碎后的五香配料开煮。

2
充分煮开后关火，放入茶叶冲泡5~6分钟。

3
再次开火，放入牛奶，煮开后关火。

4
用滤茶网过滤茶叶，盛入茶壶后再分茶入盏。

坚果印度茶制作

切开杏仁、腰果、花生等坚果后清洗，和奶茶混合，喝一口香喷喷的味道溢满口中。将颗粒状的坚果放入茶盏，享用边喝奶茶边嘎嘣嘎嘣咀嚼坚果的美味吧。

1人份
茶叶2茶匙
坚果（杏仁、腰果、花生均可，3~4粒）/ 牛奶210mL / 掼奶油适量
烫水140mL

1. 将坚果切块，2/3放入奶锅里。
2. 倒入140mL烫水和茶叶，开火煮。
3. 待茶叶完全舒展后，放入牛奶一起煮。
4. 将掼奶油放到凉茶盏内，然后在上面撒上剩下的坚果块。
5. 将制成的奶茶盛入茶壶后分茶入盏 。

简易茶——茶包

最简单、易携带的是红茶茶包！

最近，用相对好品质的茶叶制成的茶包也随处可以买到。稍稍费点心思就可以轻松享用茶包泡出的红茶。

用茶包制茶时，先放烫水后放茶包是关键！

用茶壶冲泡

用茶包代替茶叶在茶壶里冲泡红茶的简单方法。

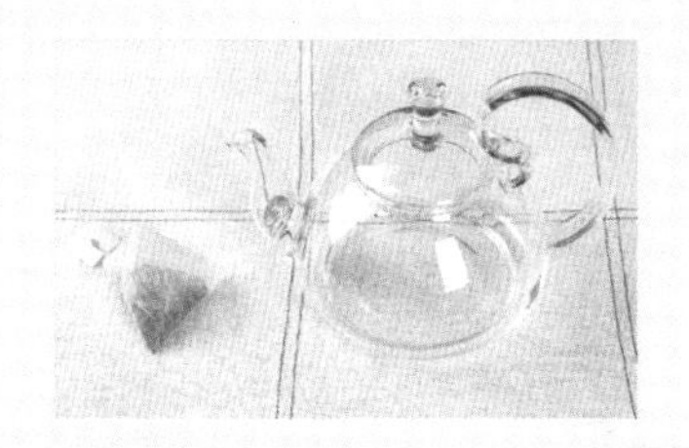

2人份
茶包2个 / 烫水400mL / 3~4分钟

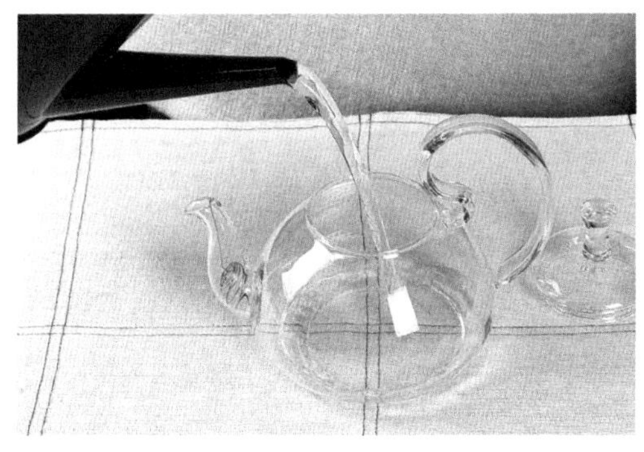

1
将烫水灌入茶壶。
不放茶包，先倒入烫水。
先放茶包的话，由于受后灌入烫水的压力会有纤维质产生。

2
自水面上方轻轻放入茶包。

3
盖上壶盖，不要晃动茶包，静静等待。

4
最好的提取红茶的时机就是茶包上浮下沉的时候。如果将茶包留在壶中会有细纤维产生，所以先取出茶包再分茶入盏。

用茶杯直接冲泡

茶包的魅力就在于随时随地无须专门茶具即可轻松享用。

1人份
茶包1个 / 烫水200mL /
约2分钟

1
在茶杯中倒入八九成的烫水。

2
放入茶包。为保温盖上杯盖。

3
冲泡约2分钟即可。不要晃动茶包，应轻轻拉出茶包。

各色各样的茶包

用茶包制成简易的拼配茶

用各色各样的茶包混合在一起，冲泡成自己的专属拼配红茶。可以只用红茶类茶包调制出新的茶味，也可以根据当天的心情加入花茶或者普洱茶调味。

Chapter 5

调味红茶

试试看，稍给红茶加点变化，就会有与众不同的味道。单单在冰红茶里加入切好的新鲜水果，就能演变出各色酸酸甜甜的清爽口感，足以打造出一份精妙绝伦的菜单。用红茶和橘子、草莓等时令水果冲泡出果茶，享受这清爽感。

也可加入新鲜的花草制成养生茶。

还可加入刺激性很强的玛莎拉茶。或洒入白兰地、威士忌，混合出能缓解日常疲惫的品牌茶，慢慢享受这悠闲时光。

OOK OF TEA

满含香气的茶叶——调味茶

茶叶本就容易吸收香气，因此保管时更要多加留意。为充分利用茶叶这样的特性，可在茶叶里掺入花或水果等制成特制拼配茶。作为基础红茶风味茶代表的伯爵红茶，深受曾是英国首相的查尔斯·格雷伯爵喜爱，配方是在中国祁门红茶里放入佛手柑油。

一起看看调和某种花和水果，红茶会散发出怎样甜丝丝的花香和果香吧。

曼陀罗红茶

俄罗斯藏红花伯爵红茶

印度茶

Mariage Freres伯爵红茶

Harrods Queen拼配茶

就像相同的香水，使用的人不同则香味不同一样，茶叶和调味品有着天生相配的互提魅力的特性。每个人喜欢的香气都不同，所以无法按照既定规则统一茶香，此时依季节来调香气不失为一个好的解决办法。春天就选择新鲜迷人的花香，夏天则选择柑橘或者薄荷搭配的清凉香气，秋天和冬天就选择十分适合搭配奶茶的五香配料、巧克力或散发着甜蜜香气的香草等。制出自己的专属配方调味茶，然后不开封贮藏2年，当作给自己的礼物，感觉美极了。

调味茶应放在背光的罐中常温保存。茶壶应选用不削弱茶香的瓷器或耐热玻璃制品。

当水果邂逅红茶——水果茶

我们常常用含水果、花的词语来表示红茶的香气。红茶自身带有和新鲜水果很匹配的甜甜的香气。一起试试在红茶里放入水果，制成充分张扬时令感和新鲜感的红茶吧。

水果茶优选香气好的水果

选择水果茶里加入的水果时，果香比果味更重要。优先选择新鲜的水果而不是熟透的水果。

适合放入水果茶的水果和使用方法

	果肉	果皮	果肉和果皮	弄碎后放
橙子			○	○
西柚			○	○
橘子			○	○
苹果			○	
香蕉	○			○
凤梨	○			
草莓			○	○
桃			○	
西瓜	○			
葡萄			○	

个性不强但无可挑剔的茶叶

下面介绍一下不管和哪种水果搭配都可以选的茶叶。BOP类型茶叶或CTC茶叶冲泡3~4分钟，即果香充分出来之前提取。康提、汀布拉或由它们拼配出的红茶，肯尼亚CTC茶或者印度尼西亚红茶都适合做水果茶。

苹果红茶

和红茶的茶香最匹配的水果是苹果。苹果也分很多种类，红色的苹果要比绿色的苹果更适合。苹果红茶的诱人之处在于酸酸甜甜的香气和苹果果糖散发出的甜味。再配着涂抹有苹果酱和奶油的茶点或者苹果派，就更恰到好处了。

1. 准备4~5片切成2~3mm厚的苹果。
2. 将2~3片苹果片放到烫好的茶盏里，上面撒一些玫瑰红酒。
3. 将茶叶和剩下的苹果片放到茶壶里后灌烫水入壶。
4. 将冲泡好的红茶倒入烫好的茶盏里。

材料 **1人份**

茶叶2茶匙
苹果（厚2~3mm）4~5片
玫瑰红酒1/3茶匙
（茶叶量标准为人数加1人就加1茶匙，烫水1人份标准为350mL。）

凤梨红茶

虽然凤梨红茶的汤色很浅，但可以充分享受热带的香气和凤梨的甜味。

1. 将带皮的凤梨切成2~3mm厚的块状，将1块放入烫好的茶盏中做装饰，撒上些许玫瑰红酒。
2. 将剩下的凤梨剥开皮，用刀背轻轻敲打到茶壶里。
3. 将茶叶放入茶壶，灌入烫水充分冲泡，最后分茶入盏。

| 材料 | 1人份

茶叶2茶匙
凤梨（竖切）1／4个
玫瑰红酒1／3茶匙

（茶叶量标准为人数加1人就加1茶匙，烫水1人份标准为350mL。）

橙子红茶

橙子红茶因橙子浓烈的香气和横切呈现的华丽模样而被以印度的花园命名，又称“Shalimar Tea”。

1. 将切好的橙子片放在烫好的茶盏里。
2. 用手指轻轻按压切好的薄薄的橙子皮后放入茶壶中。
3. 将茶叶放入茶壶，灌入烫水冲泡，最后分茶入盏。

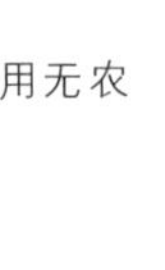

因为要使用果皮，请选用无农药的有机农产品。

| 材料 | 1人份

茶叶2茶匙
厚2~3mm的橙子片 1片
橙子皮（1cm 见方的方块）2~3块
（茶叶量标准为人数加1人就加1茶匙，烫水1人份标准为350mL。）

健康养生的饮品——香草红茶

加入香草的健康红茶

一起试着在红茶里放入香草，做出增进食欲、暖身暖胃的健康红茶吧。红茶里加入香草制成的香草红茶，比只用香草制成的香草茶味道更丰富。

茶叶的选择

和水果红茶选茶叶的标准不谋而合，不能选择个性太强的茶叶。一般优选斯里兰卡的康提、汀布拉，肯尼亚CTC，印度的尼尔吉里等。红茶好比是主人，而香草是客人，所以放入香草的量较少。

适合放入红茶的香草

香草	概略	味和香气
薄荷类 Mint	多用于饮料、饼干	清凉感，清爽的茶味
柠檬草 Lemon Grass	可放入汤、咖喱、肉类料理、茶中	比起柠檬稍有青味
洋甘菊 Chamomile	用花瓣部分。药效高，可退热、安眠、缓解腹痛、助消化等	甜味，温和的苹果风味
柠檬香蜂草 Lemon Balm	在法国极具人气	有类似柠檬的香气，略甜
菩提树叶 Linden	因又称“婴儿茶”而被人们广为熟知。在安定小孩情绪上效果极佳	味道温和，芬芳香甜
薰衣草 Lavender	根、花、叶全都散发着浓浓的芳香。紫色的花	清爽干净的香气
百里香草 Thyme	原产地在欧洲、西亚、北非。在地面上的部分长得很矮	扑面而来的刺激感，香气浓烈
鼠尾草 Sage	种类繁多。选购可食用鼠尾草	有着和樟脑相似的干净香气
迷迭香 Rosemary	原产于亚洲、地中海沿岸。生长于水边	清凉感很强的香气

薄荷红茶

薄荷包括绿薄荷、食用薄荷（peppermint）和苹果薄荷等，种类繁多，易于选购。薄荷以其清凉爽快的风味很早就开始用于制成香草茶。在热带国家泰国，用随手摘下的薄荷叶放在红茶里制成的传统薄荷红茶有着颇高的人气。

1. 在烫好的茶盏里放入2~3片薄荷叶做装饰，撒上些许砂糖和玫瑰红酒。
2. 用手指将薄荷叶轻轻揉搓后放入茶壶。若是干叶就直接放入。
3. 将茶叶放入茶壶，灌入烫水，冲泡后倒茶入盏。

| 材料 | 1人份

茶叶2茶匙
新鲜的薄荷叶4~5片或者薄荷干叶少许
砂糖1/2茶匙
玫瑰红酒1/3茶匙
烫水适量

洋甘菊苹果红茶

被誉为“大地的苹果”的洋甘菊有着卓越的镇静作用。苹果红茶里加入散发着类似苹果香气的洋甘菊，更显醇香甜润的茶味。

1. 将2片苹果片放到烫好的茶盏里。
2. 将洋甘菊叶和其余的苹果片放入茶壶。
3. 将茶叶放入茶壶，灌入烫水，冲泡后倒茶入盏。
4. 在茶盏里放入些许装饰用的洋甘菊。

| 材料 | 1人份

茶叶2茶匙
新鲜的洋甘菊叶 4~5片或者洋甘菊干叶少许
厚2~3mm的苹果片3~4片
烫水适量

生姜红茶

在寒冷的冬夜或是感觉要感冒时，生姜红茶是最好的驱寒暖身的健康饮品。生姜一年四季易于选购，易于保存而每家常备。生姜有着清爽的香味，正好缓和了红茶的涩味，再添加一些蜂蜜，就成为缓解疲劳、恢复元气的健康红茶了。

嫌麻烦的话，就在市面上直接购买液体的蜂蜜生姜茶，放入红茶中即可饮用。

1. 用削皮器削掉生姜的皮，放入一点烫水制成生姜汁。
2. 在茶壶里放入茶叶，用烫水冲泡。
3. 将冲泡好的红茶放入生姜汁里。
4. 用滤茶网过滤茶叶，倒茶入盏，加入蜂蜜或砂糖。

材料 1人份

茶叶2茶匙
生姜适量
蜂蜜或砂糖适量
烫水适量

当酒邂逅红茶——爱尔兰、白兰地红茶

热腾腾的红茶里放入酒精饮料会身暖心暖。

真可谓冷能暖身，累可解乏。在盛好热红茶的茶壶里加入少许白兰地或威士忌、水果或果酱、香草或五香香料、牛奶等，均可打造出许多菜单。

白兰地奶茶

奶香味和白兰地的酒香融合在一起，打造了一场味觉盛宴。大吉岭、祁门、乌沃、努沃勒埃利耶、伯爵等具有较好香气的红茶最为合适。

1. 将牛奶倒在烫好的茶盏里。
2. 将白兰地倒入茶盏。
3. 将茶叶放入茶壶，灌入烫水350mL，充分冲泡后分茶入盏。

材料　1人份

茶叶2茶匙　白兰地10~15mL　牛奶20~30mL　烫水350mL

爱尔兰奶茶

没有爱尔兰威士忌时可用其他威士忌代替。适合寒冷的日子饮用。茶叶宜选择特征明显的阿萨姆、祁门、乌沃等。

1. 将泛着泡沫的牛奶倒入烫好的茶杯里。
2. 将爱尔兰威士忌倒在茶杯里。
3. 将茶叶放入茶壶，灌入烫水350mL，充分冲泡后分茶入杯。

材料 1人份

茶叶2茶匙
爱尔兰威士忌20~30mL
牛奶40~50mL
烫水350mL

亲手调配的咖啡店菜单——冰爽系列调味茶

单单是盛放在透明玻璃杯里的冰红茶已经足以让人咂舌称赞，接下来我们要一起尝试在家里就可以加入各种水果或香草制作的迷人亮丽的红茶，然后用这个酷暑的日子最好的招待专用饮料一起招待好朋友吧。

冰爽西瓜红茶

将夏日最能给人清爽感的西瓜放在玻璃杯里或做装饰用，都可以带来视觉上的愉悦感，清爽香气袭人。

1. 将切成船形的西瓜从中间切断，再3等分后放入茶杯。
2. 在茶杯中放入七成碎冰块后灌入冰红茶。
3. 将剩下的西瓜架在或放在茶杯上做装饰。
4. 根据个人喜好加入糖浆增甜。

材料 | 1人份

冰红茶120mL
西瓜1个（将1／4个西瓜切成1cm厚的船形）
碎冰块适量
糖浆适量

冰爽草莓红茶

这是一款散发着甜甜草莓香的魅力冰红茶。喝一口就能感觉到草莓的果糖渗入红茶的若有若无的甜美。翠绿色的草莓蒂更能凸显红茶的红色，不要扔掉，可以做装饰用。

1. 摘掉一个草莓的蒂，然后把草莓横向切成相等的两半，上部再切成两半。
2. 轻轻挤压草莓的下半部分，挤出草莓汁后放入茶杯中。
3. 在茶杯中放入七成碎冰块后灌入冰红茶。
4. 将之前切好的草莓放入茶杯，边缘处放一整个草莓做装饰。
5. 根据个人喜好加入糖浆增甜。

| 材料 | 1人份

冰红茶120mL
草莓（带翠绿色草莓蒂）2个
碎冰块适量
糖浆适量

如果冰红茶里加入牛奶，就能缓和红茶本身的涩味，使口味变温和。如果浸入草莓汁，就可以制作出散发着草莓香气的、美好漂亮的粉红色饮品。再加入一些糖浆的话，就可以进一步弱化茶的涩味。所以，放入牛奶做出冰爽牛奶草莓红茶也很棒。

冰爽正山小种柠檬红茶

正山小种是最早吸引欧洲人的红茶。正山小种有着独特的龙眼香和松香。正山小种用烫水冲泡已然拥有魅力十足的茶味和茶香，冷浸冲泡更具风味。

1. 用冷浸法急冷正山小种，做出基础冰红茶。
2. 在玻璃杯中放入八成碎冰块，倒入基础冰红茶。
3. 放入柠檬片。根据个人喜好加入糖浆增甜。

材料　1人份

正山小种 2茶匙
冰红茶120mL
碎冰块适量
糖浆适量
柠檬适量

茶藩趣

印度的国王为消暑喝的藩趣，在印度语里表示数字5。放入5种水果后稍加一点酒，灌入冰红茶，饮用方法类似鸡尾酒。炎炎夏日招待客人时，做一杯融合了冰红茶的透明感和各种水果风味的色感华丽的茶藩趣吧。

1. 将水果连皮切成适口大小。
2. 在大的藩趣碗里倒入冰红茶和红葡萄酒，将糖稀放入充分搅拌。
3. 放入切好的水果。
4. 放入满满的碎冰块，灌入苏打水，最后放入新鲜的生香草做装饰。

材料　10人份

水果（草莓、凤梨、柠檬、橙子、苹果等）200g
冰红茶（尼尔吉里、康提等）2L
红葡萄酒50mL
糖稀300mL
碎冰块适量
苏打水100mL
生香草（薄荷、迷迭香等）少许

冰爽橙汁红茶

尼尔吉里红茶的清凉感和酸酸甜甜的橙汁调和后，让人不禁联想到清爽的花圃。红色的红茶和橙色的橙汁很搭配，更增添了清凉感。

1. 用尼尔吉里茶叶做基础冰红茶。
2. 将橙汁和糖稀混合后倒入茶杯，再放入碎冰块装饰。
3. 将步骤1的基础冰红茶倒入步骤2的材料中。不要和下面的橙汁糖稀层搅拌，直接倒在碎冰块上。

材料 | 1人份

冰红茶120mL
尼尔吉里茶叶2茶匙
橙汁40mL
糖稀30mL
碎冰块适量

薰衣草西柚红茶

薰衣草在法语里有“洗”的意思，代表着纯洁、清净，也多用于美容或保健用品。看看西柚混入能激发其清凉感的薰衣草中会是怎样的风味吧。

1. 在茶壶里放入1／5茶匙的薰衣草。
2. 将切成薄片的西柚皮用手挤压出汁后放入茶壶。
3. 将茶叶放入茶壶，用烫水冲泡后倒入放有碎冰块的容器中，制成冰红茶。
4. 在玻璃杯中放入碎冰块，再倒入薰衣草冰红茶。
5. 放些许西柚小片装饰。

材料　1人份

茶叶浅浅的2茶匙
薰衣草1／5茶匙
西柚小片若干
西柚皮（1cm见方的方块）1~2片
碎冰块适量

莫吉特红茶

因《老人与海》而声名远扬的小说家海明威在古巴爱喝的饮品就是莫吉特。莫吉特里放有青柠和薄荷，口感清爽干净，是鸡尾酒中的上乘夏季饮品。莫吉特里加入红茶，享用别具一格的新鲜风味。

1. 在茶杯里放入少许莫吉特酒和百家地朗姆酒。
2. 放入红茶、青柠和苹果薄荷后灌入苏打水。
3. 加入碎冰块后摇晃并搅拌。
4. 将冰红茶轻轻地倒在盛有碎冰块的玻璃杯中。
5. 加入柠檬和薄荷叶即可。

材料 **1人份**

红茶（尼尔吉里、康提）2茶匙
苏打水150mL
莫吉特酒30mL
青柠3块
百家地朗姆酒少许
苹果薄荷适量
柠檬、碎冰块适量

Chapter 6 红茶茶具

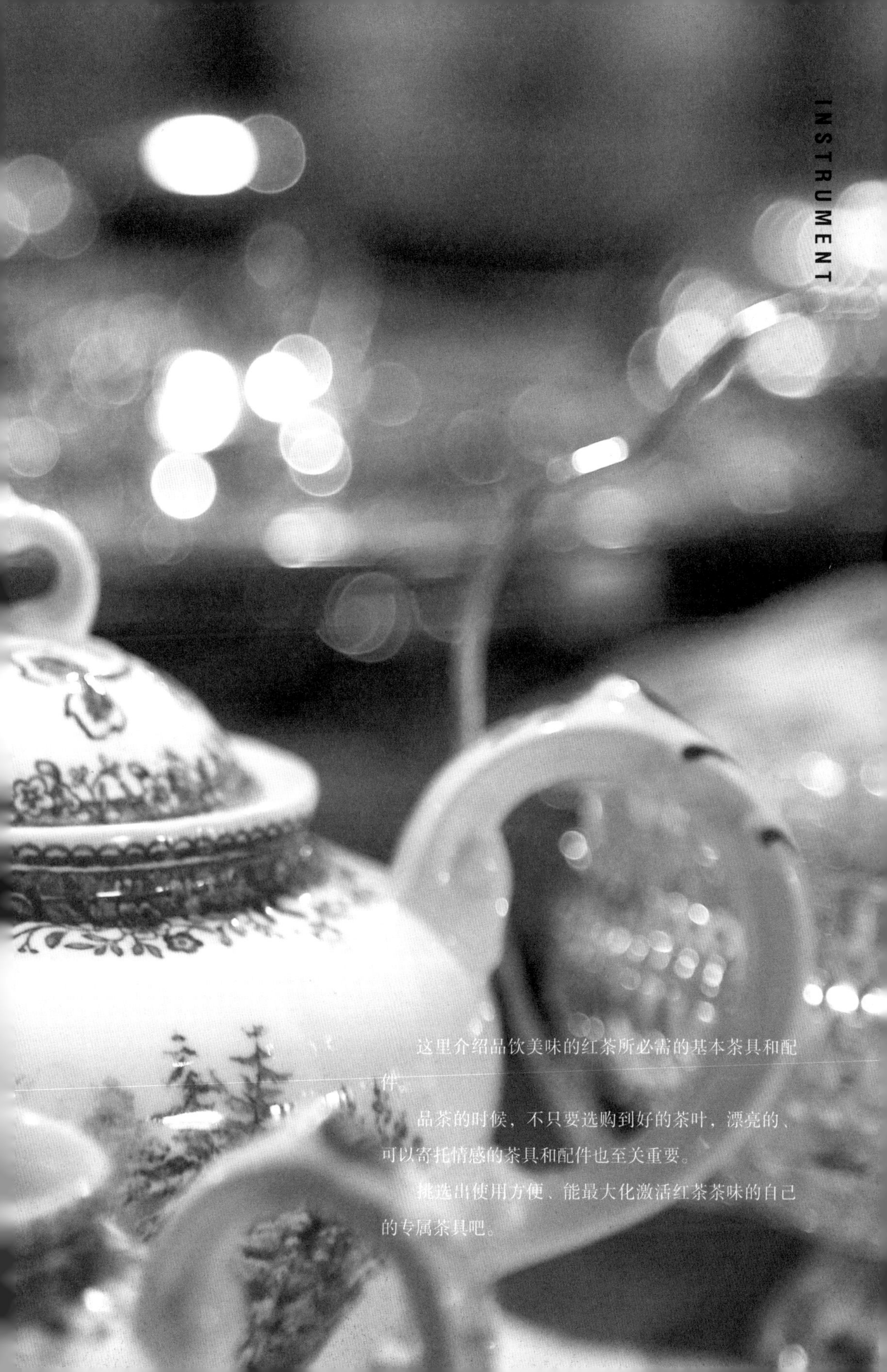

这里介绍品饮美味的红茶所必需的基本茶具和配件。

品茶的时候，不只要选购到好的茶叶，漂亮的、可以寄托情感的茶具和配件也至关重要。

挑选出使用方便、能最大化激活红茶茶味的自己的专属茶具吧。

饮茶时光的主角——茶壶和茶盏

华丽优雅的中国陶瓷茶具是以彰显欧洲贵族的贵族范儿而打造的。17世纪初茶传播到欧洲，茶具也随之广泛流行。欧洲的贵族阶级甄选出了能展现贵族气质的尊贵优雅的陶瓷茶盏。

茶壶

珍贵的中国茶具不是谁都可以持有的。刚开始，不管是煮茶、煮咖啡还是煮巧克力，都是使用四角形的粗制银质茶壶。银匠们慢慢模仿中国茶具，打制出优雅的银质茶具套装。后来经过持之以恒的努力，欧洲陶瓷器终于诞生，人们可以做成含有牛骨成分的骨瓷茶具套装。

陶瓷茶壶有着柔和的浅白色，结实且保温性好，是品饮红茶的最佳选择。茶壶形状应选择能使茶叶很好地实现“跳跃”的圆形，把柄要结实，具有安定感和均衡感。

茶壶一般2人用的选容量为700~750mL、能倒出约5茶盏的，3人用的则选容量为1000~1200mL、能倒出7~8茶盏的。

想要泡出完美、好喝的红茶，茶壶的功能固然很重要，但也要考虑到茶桌装饰效果的重要性。要迎合不同氛围，细细斟酌茶桌的形状、材质、颜色和花纹的搭配。

TEAPOT

◇ **茶盖塞 Stopper**

茶壶盖上凸起的部分就是茶盖塞，用以固定茶壶盖，有了它即使一只手也可以稳稳地斟茶。

◇ **茶壶盖上的小孔**

作用是使空气流通，茶水可以顺利从壶嘴流出。也有茶壶盖上没小孔的茶壶，这样的茶壶一般会在茶壶盖的咬合部分稍留空隙来使空气流通。

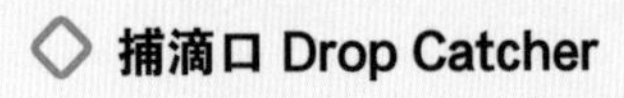

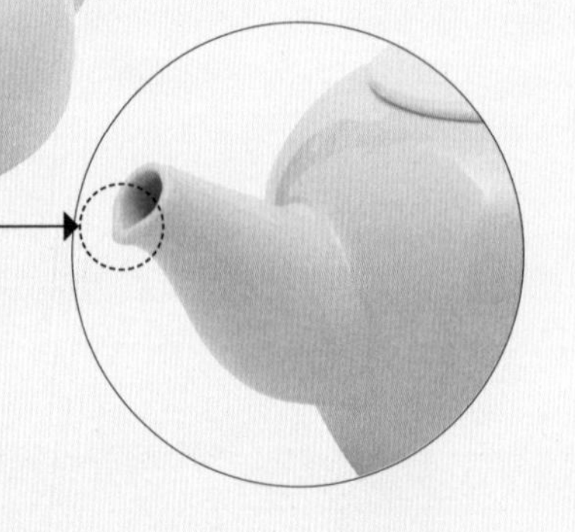

◇ **捕滴口 Drop Catcher**

倒茶时要干干净净地倒至最后一滴。为防止茶水倒不下来而悉心打造了这一部分。

辅助茶壶

辅助茶壶用来盛放烫水或者冲泡好、被过滤的红茶。将红茶倒在茶盏里，给辅助茶壶套上茶壶保温罩保温，单盛放烫水以调节红茶浓度。

◇ **辅助茶壶**

略小于冲泡茶的茶壶。

茶盏

欧洲起初也是使用从中国引进的无把柄小茶盏。刚开始，欧洲的陶工们仿制模样、大小和中国一样的茶盏，后来打制出适合盛放热红茶的有把柄的茶盏。

比起咖啡杯，红茶茶盏要做得更浅、更宽阔，杯口大一点有利于丰富地散发出红茶细腻的香气。浅而光彩熠熠的骨瓷红茶茶盏可以直接观察汤色，一目了然。

有很强装饰性的各类茶盏也成为收藏品。但要衬托出红茶漂亮的汤色，还是要选设计简单、杯内是白色的茶盏。

TEACUP

成就个性茶桌的茶装饰品

糖罐

砂糖最早传入欧洲时是供贵族阶级享用的高档商品，所以当时的糖罐也做得大而华丽。随着砂糖平民化，糖罐也渐渐变小。

糖罐虽然渐渐变小，可是美丽又可爱的高级糖罐放在茶桌上装饰性很强，可以选择与收藏的茶具套装搭配的糖罐。白砂糖纯度高、其他物质少且不损害红茶汤色，因此最常使用。用糖罐装白砂糖时，会不会也有好般配的想法?

牛奶罐

制作奶茶时盛放牛奶的容器。一杯英国式奶茶要使用20~30mL牛奶，但考虑到要喝很多杯，所以选用可容纳150~200mL牛奶的牛奶罐。

滤茶器

红茶冲泡后的茶叶和残渣不能倒入茶盏，需要过滤用的滤茶器。17世纪中叶，冲泡中国红茶后会留有茶梗和残渣。当时用有孔的勺子捞出，后来渐渐演变成现在的滤茶器。

特别是19世纪以后，欧洲引进印度、斯里兰卡的BOP等粉碎茶后，滤茶器成为必需品。滤茶器多使用银质、不锈钢和镀银材质。

现在最常使用的形态各异的不锈钢滤茶器。

沙漏

计算红茶冲泡时间时使用。具有电子计时器无法替代的特殊魅力。

想要冲泡出好红茶，时间也很重要。保持用沙漏计时的好习惯吧。

茶匙

茶匙比一般放白糖时使用的咖啡勺略大一些。用茶匙舀满满1茶匙茶叶大概是3g，计量方便。

比起性能，设计师们好像把重点更多地放在了茶匙设计上。能够根据客人喜好或激活季节感来准备茶匙的话，一定会为茶桌布置增添不少乐趣。

泡茶器

泡茶器被称为“茶包的鼻祖”。将茶叶放入穿孔的小型容器里，然后放入已灌入热水的茶壶或茶盏里冲泡，虽说茶的成分都冲泡出来了，但是茶叶并没有充分舒展开。相对而言，它不适合冲泡红茶，实用性不强，更接近于茶装饰品。

保温罩

为维持红茶冲泡期间的茶温而给茶壶包裹的茶壶套就是茶壶保温罩。红茶被保温罩包裹着送至客人茶桌上，再倒入茶盏慢慢享用是司空见惯的事。1人份的茶量大概是2盏半，先倒1盏，剩下的可以盛放在辅助茶壶里边聊天边慢慢品饮。此时应对红茶采取必要的保温措施，而要用到的正是茶壶保温罩。也可以在茶壶下放置布做的垫子协助保温。

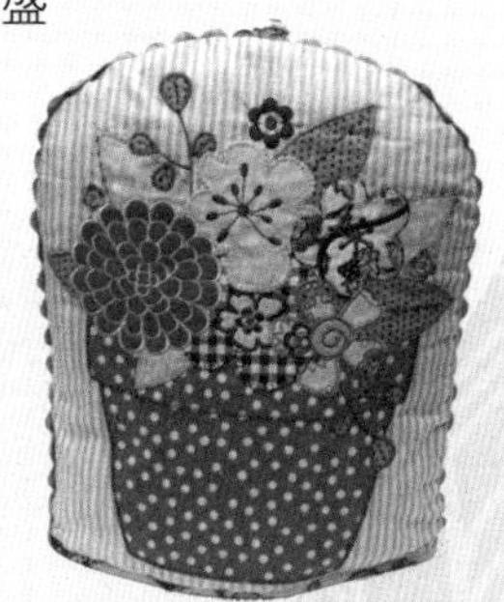

茶壶保温罩是用来防止茶壶里冲泡好的红茶变凉、给茶保温的。保温罩颜色和花样繁多，可根据氛围选择。

茶叶罐

保存茶叶的容器。红茶在17世纪到18世纪的英国是供给贵族阶级和富有阶层的奢侈品，是权利和财富的象征。当时，茶叶罐就像珠宝盒一样保管在上锁的箱子里。现在，只要是防潮、低温、遮光且密闭性强的容器都可以当作茶叶罐。陶器、金属罐、塑料瓶等都可以随意选用，但务必不透光、不跑味。

茶叶罐有各种各样的材质和形状，一定要选择密闭性强的。

2 Tea & Culture 红茶和文化

Chapter 1

红茶茶园之旅

红茶的性质是由产地决定的。能产出高品质茶叶的独特气候条件和制茶工艺，共同作用制成了世界级红茶。让我们一起了解主要红茶产地印度、斯里兰卡、中国、印度尼西亚、肯尼亚茶园的现状和历史，开启一段轻松愉快的探索红茶香味的茶园之旅吧。

India

大吉岭Darjeeling

"产地红茶"的天国大吉岭。
有"红茶中的香槟"美誉的大吉岭红茶是由生长于大吉岭高山地带的中国茶系列制成的。

印度是世界上最大的红茶生产国（年产量约8.5×10^5t）和消费国。大吉岭红茶生长于西孟加拉邦北段海拔约2300m的位置。这里是印度唯一一个成功栽培中国茶系列的地方。大吉岭地区有80多个茶园种植很多中国茶系列和阿萨姆茶系列的杂交品种，它散发着细腻而隐秘的香气。那里早晚和白天的温差很大，一天甚至起好几次雾。雾湿气和日光变换的大吉岭气候，成就了大吉岭红茶独有的高雅茶香。红茶的制造方法几乎沿用了传统制茶法，揉捻、氧化发酵过程使用揉捻机充分激发出茶叶的香和味。与南印度相比气候较冷，一般每年采茶3~4次，也会按照季节明确将茶分为初摘茶、次摘茶和秋摘茶。

银色毫尖

大吉岭红茶最近主要用于制成银色毫尖含量最高的特级银毫茶或为凸显中国茶系列的特征而降低发酵度的白金茶。

初摘茶因让人不禁联想到绿茶的清新感和麝香葡萄香而出名，产量小但品质高。次摘茶常用的名字是麝香葡萄红茶，独有的无限美味，漂亮的汤色，熟透的高贵果香，比起初摘茶价格实惠，因而人气颇高。茶味浓烈的秋摘茶也有很多追捧者。

一个茶园里当年收获单一品种的茶后拿到市场上贩卖的红茶叫产地红茶或单一产地红茶，大吉岭地区是产地红茶的最大产地。英国人因对于中国红茶的热望而把中国茶树系列引入印度，其他地方都失败了，只有海拔2000m的大吉岭种植的茶树存活了下来。

◊ 香味分析：本书中出现的香味分析是作者对红茶特有的香气、涩味、苦味、汤色和收敛性等进行测试后得出的分析，强度以0~5来标记。

大吉岭初摘茶

茶叶和汤色、香味分析

香气/5 苦味/2 涩味/2 汤色/1 收敛性/0

茶味	清爽的涩味
冲泡标准	350mL 4g 5分钟
推荐冲泡法	清饮

3~4月初春摘的头茶。因其细腻新鲜得让人联想到麝香葡萄和苹果的香气而被称为“红茶中的香槟”。汤色呈浅橙黄色，透明度很高。茶叶里含有大量银色毫尖，发酵度较低，带有绿茶般新鲜的青味。

大吉岭次摘茶

Thurbo T.E Muscatel FTGFOP1

茶叶和汤色、香味分析

香气/5 苦味/2 涩味/2 汤色/2 收敛性/0

茶味	在口中有伸展开的浓烈刺激，熟透的果香
冲泡标准	350mL 4g 4分钟
推荐冲泡法	清饮

5~6月摘得次摘茶。散发着熟透的果香，使茶味更加浓烈。橙红汤色清亮透明到可以看得到黄金毫尖。麝香水果香气和入口的无限美味成就了这魅力无穷的大吉岭茶。

大吉岭秋摘茶

Gopaldhara T.E FTGFOP1 Red Thunder Classic

茶叶和汤色、香味分析

香气/4 苦味/1 涩味/3 汤色/3 收敛性/1

茶味	浓烈的涩味
冲泡标准	350mL 4g 4分钟
推荐冲泡法	清饮，奶茶

9~10月收获的秋季茶。甜味较强，涩味浓烈。它是长期喝红茶的爱好者们的最爱。汤色是漂亮的深红色，香味是浓浓的麝香水果香气。

阿萨姆 Assam

一半的印度红茶均出自这里土壤肥沃的茶园。

香气甜蜜，骨感分明，汤色呈漂亮的深橙色。

阿萨姆是世界上最大的红茶生产地。虽同处于印度东北部地带，但大吉岭是高原地带的梯田茶园，而阿萨姆地区则是宽阔的平原茶园，故品种也不同。饱含湿气的季风穿过喜马拉雅山脉带来大量降雨，丰富的江河水蒸气湿润了茶叶，阿萨姆茶因此形成独特的涩味。为缓和强烈的日光而栽种的遮光树（shadow tree）也成了茶园里一道别致的风景。茶叶是15cm的大叶种，即使一个人采一天也能采到30kg。印度一半的红茶出自这里。

3~12月是收获季，可以采摘到高品质茶叶的是4月中旬开始、持续约80天的次摘茶季节。阿萨姆红茶具有浓厚深沉的茶味、深浓的香气和汤色，如果用硬水冲泡会缓和涩味，想使汤色变浅可以放入牛奶制成奶咖色。适合用来制作印度人喜欢的印度茶，印度国内消费量很大。90%适合制成印度茶的红茶都是通过CTC工艺加工而成的。

红茶史上的一次大变革便是1823年阿萨姆红茶的发现。英国在印度殖民地发现了阿萨姆茶树系列，从此不再依赖于中国进口红茶，慢慢培植阿萨姆茶树并最终成功。

阿萨姆初摘茶

Assam FTGFOP1

茶叶和汤色、香味分析

香气/3 苦味/3 涩味/3 汤色/4 收敛性/3

茶味	甜味和涩味兼具
冲泡标准	350mL 4g 4分钟
推荐冲泡法	清饮

阿萨姆初摘茶完全不同于有绿茶感觉的大吉岭初摘茶。含有大量黄金毫尖的高品质阿萨姆红茶，即使是初摘茶也已经带有阿萨姆红茶特有的浓烈感。具有隐隐的麦芽香，涩味和甜味兼具，清亮透明到黄金毫尖显现，汤色为橙色系红色。

阿萨姆次摘茶

Doomni T.E FTGFOP1

茶叶和汤色、香味分析

香气/4 苦味/3 涩味/2 汤色/3 收敛性/5

茶味	温和的涩味
冲泡标准	350mL 4g 4分钟
推荐冲泡法	清饮

涩味温和，骨感分明，收敛性极强。深发酵后散发出魅力十足的麦芽香。汤色呈看得到黄金毫尖的明亮美丽的橙色系深红色。

阿萨姆CTC

Dhoedam T.E BP

茶叶和汤色、香味分析

香气/1 苦味/3 涩味/3 汤色/5 收敛性/4

茶味	散发着隐约甜味的涩味
冲泡标准	350mL 4g 4分钟
推荐冲泡法	奶茶

阿萨姆地区很早就引进了CTC加工工艺。随着茶包的普及，CTC茶叶需求增大。用CTC工艺加工的茶叶冲泡时间短，香气和特性减弱，但是只需冲泡3分钟便会有强烈的涩味和深红汤色。适合制作奶茶。

尼尔吉里Nilgiri

南印度高原地带有着景致美丽的大规模茶园。

尼尔吉里红茶、喀拉拉邦红茶适合制成清爽的冰红茶。

位于印度南部的尼尔吉里和大吉岭、阿萨姆是印度三大红茶产地。尼尔吉里的茶园分布于丘陵地带，白天也容易起雾，气温很低。其地理位置和斯里兰卡较近，气候相近，所以尼尔吉里红茶和锡兰红茶也很相似。它没有像大吉岭、阿萨姆红茶那样突出的特性，但没有突出的特性正是尼尔吉里红茶的特性。

受季风的影响，短暂干燥的7~8月是尼尔吉里红茶的品质季节。这时的尼尔吉里红茶有着清新的香气和甜甜的果香。尼尔吉里红茶没有突出的特性反而用途很多，拼配茶或加香茶用均可。能激发清爽的茶味，适合制成冰红茶。最近工厂设备更新后主要用CTC制茶法来制作尼尔吉里红茶，为了使香味突出，加工茶叶多用OP加工。

在尼尔吉里南部的喀拉拉邦海拔1500m处的高原地带，基础设施良好的慕那尔（Munnar）地区的广大茶园也在大规模生产红茶。慕那尔的茶园是印度最大的塔塔集团（Tata foundation）和个人茶园连在一起形成的，起伏绵延的翠绿波浪甚是壮观。美丽的景致和清爽的高原气候吸引了大批观光客的到来。

1823年在阿萨姆发现茶树后，印度各地开始尝试栽培茶树。英国人想要栽培出和中国红茶一样的红茶，在尼尔吉里高原种植了2万棵中国茶树苗，可是成活的才几十棵。最终将阿萨姆茶树移植过去，1853年有了最初的茶园。积累了大量栽培技术后也成功种植了中国茶树，后又新增了杂交树种，开创出大规模茶园。这里主要生产CTC茶叶，也生产OP茶叶用于出口。

尼尔吉里 FOP

Premiers The Passion of Purity Grarde Fresh

茶叶和汤色、香味分析

香气/1 苦味/1 涩味/1 汤色/2 收敛性/1

茶味	清爽浅淡的茶味
冲泡标准	350mL 4g 4分钟
推荐冲泡法	清饮，冰红茶

茶香和茶味没有独特的特点，但具有回味纯净的典型红茶风味。汤色透亮，呈浅红色，具有温和的水果茶香，适合制成冰红茶和柠檬红茶。

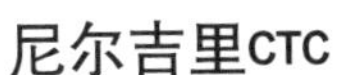

尼尔吉里CTC

茶叶和汤色、香味分析

香气/1 苦味/1 涩味/1 汤色/4 收敛性/1

茶味	有刺激性，含有甜味的涩味
冲泡标准	350mL 4g 4分钟
推荐冲泡法	奶茶，冰红茶

色深、香浓但涩味刚刚好的典型红茶。适合制作奶茶和印度茶。

Sri Lanka

红茶的代名词——锡兰红茶，是茶味、香气和汤色都很协调、均衡的红茶类型。

斯里兰卡的旧称是锡兰（Ceylon），从很早开始锡兰就成了红茶的代名词，所以现在也称斯里兰卡红茶为锡兰红茶。锡兰红茶生产量继印度居世界第二，出口量世界第一。

锡兰红茶产地根据海拔加以区分。0~600m区间是低山茶，600~1200m是中地茶，1200~1800m是高山茶。高品质红茶生长于高海拔地区。

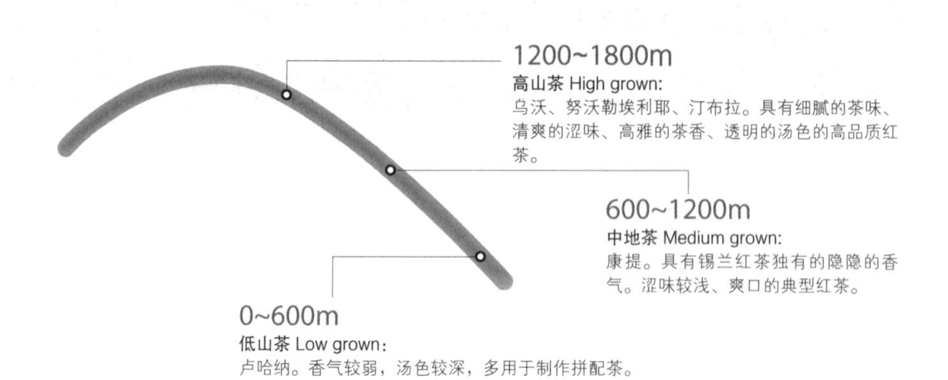

汀布拉 Dimbula

谁都可以放心畅饮的茶味温和、花香四溢的清爽汀布拉红茶。

汀布拉位于斯里兰卡中央山脉地带，产茶品质稳定。茶园在海拔1200~1600m的高地，白天的气温却可以达到30℃。汀布拉特有的温和茶味只作为红茶品饮也可，因其没有特殊的个性，也可调饮或加香料后品饮。

茶叶的等级多为传统制茶法制出的BOP茶，最近茶包用CTC制茶法生产的渐渐增多。品质季节是季风吹来的1~2月，产出有着玫瑰花香和浓烈涩味的高品质茶叶。一般季节也可保证产出品质稳定的红茶。

斯里兰卡茶园的开发始于1857年。在因咖啡锈病荒废的咖啡农场栽培茶树生产红茶。比起海拔较高的地方生长的努沃勒埃利耶、乌沃，汀布拉茶园开发较晚，但现在也早已成为斯里兰卡五大红茶产地之一。

品质季节的汀布拉红茶
Kenil worth T.E

茶叶和汤色、香味分析

香气/3 苦味/3 涩味/3 汤色/3 收敛性/2

茶味	含有甜味的清爽而强烈的涩味
冲泡标准	350mL 4g 4分钟
推荐冲泡法	清饮

受季风影响的品质季节的最高品质红茶有着甜甜的玫瑰香和清爽的涩味。回味干净，透明清亮，汤色呈鲜亮迷人的红色。

汀布拉 BOP
Laxapana T.E

茶叶和汤色、香味分析

香气/2 苦味/4 涩味/3 汤色/3 收敛性/2

茶味	刚刚好的涩味
冲泡标准	350mL 4g 4分钟
推荐冲泡法	清饮，奶茶

品质季节以外的红茶特征不明显，有隐隐的花香和清爽的口感。放入牛奶激发出甜味，就做成了口感温和的奶茶。

乌沃 Uva

乌沃、大吉岭和祁门并称世界三大红茶。乌沃具有符合英国人喜好的强烈涩味和深浓汤色，做成奶茶有颇高人气。

斯里兰卡大部分茶叶都是像乌沃一样采用传统制茶法制成的。一年以内一直可能收获到茶叶。茶园在面向孟加拉湾、海拔1400~1700m的山岳地带的斜坡上。和尼尔吉里相似，乌沃以35 000hm^{2}的规模而引以为豪。品质季节降水量减少，茶叶收获量也随之减少，但品质增高。乌沃的品质季节是7~8月，生产出的红茶有着清爽而刺激的涩味。这种环境也造就了乌沃红茶独特的果香、刺激性的涩味和深浓的汤色。

品质季节的乌沃红茶

Lupicia BOP Quality 2613

茶叶和汤色、香味分析

香气/3 苦味/5 涩味/4 汤色/4 收敛性/4

茶味	强烈的苦涩味
冲泡标准	350mL 4g 4分钟
推荐冲泡法	清饮，奶茶

7~8月产出的品质季节乌沃红茶汤色透明漂亮，呈橙色系的红色。轻啜一口，浓浓的香气散满鼻腔，魅惑感十足。甜甜的果香中混着清爽的薄荷香，品饮后口中溢满香甜。

努沃勒埃利耶 Nuwaraeliya

具有优雅的柑橘香和红茶涩味的努沃勒埃利耶红茶。

位于斯里兰卡中南部的努沃勒埃利耶白天气温是20~25℃，早晚气温是5~14℃，因其清爽凉快被英国人开发为度假村。昼夜温差大使茶叶中散发涩味的单宁数量增加，从而个性更加强烈。

这里是斯里兰卡海拔最高1800m的高山茶的产地。使用CTC制茶法制成茶叶的量较小，主要还是像大吉岭一样使用传统制茶法。品质季节是1~2月，但和春茶一样制成拥有清新爽快口感的红茶。口感清爽却涩味强烈，汤色呈橙色系的浅红色。甜甜的柑橘香里透着新鲜的青草香。

海拔1800m的高原上英式建筑日渐增多，美丽的度假村努沃勒埃利耶让英国人尽享红茶茶园的繁荣。现在还遗留有高尔夫球场和许多英式建筑，故被称作小英国。

乌沃OP

茶叶和汤色、香味分析

香气/4 苦味/2 涩味/3 汤色/2 收敛性/2

茶味	涩味和苦味调和的苦涩味中透着甜味
冲泡标准	350mL 4g 4分钟
推荐冲泡法	清饮

茶叶较大，涩味不重，口感温和。汤色呈橙色系浅红色。茶叶散发着甜甜的玫瑰香。

乌沃 BOP

茶叶和汤色、香味分析

香气/3 苦味/2 涩味/4 汤色/4 收敛性/3

茶味	强烈而刺激的涩味
冲泡标准	350mL 4g 4分钟
推荐冲泡法	奶茶

完全保留着乌沃红茶固有的强烈涩味。单看外表呈现的深色就知道发酵度很高。汤色是橙色系的深红色。茶香是高贵的玫瑰香，涩味强烈，骨感十足。

品质季节的努沃勒埃利耶

Lupicia 5025

茶叶和汤色、香味分析

香气/3 苦味/2 涩味/2 汤色/1 收敛性/1

茶味	刚刚好的涩味
冲泡标准	350mL 4g 4分钟
推荐冲泡法	清饮

受季风影响而味和香气都很浓的红茶。汤色是让人容易联想起大吉岭初摘茶的浅橙色。外观上看发酵度较低，青青的颜色萦绕在脑海。清爽的青草香里混杂着花香和果香。用于制作奶茶汤色不足，只清饮享用即可。

努沃勒埃利耶BOP

Pedro T.E

茶叶和汤色、香味分析

香气/2 苦味/3 涩味/2 汤色/2 收敛性/1

茶味	干净的涩味
冲泡标准	350mL 4g 4分钟
推荐冲泡法	清饮

汤色呈橙色系浅红色，风味极易让人想起橘子或柚子。

康提Kandy

最早的锡兰红茶产地——康提。

明亮的深红色汤色极具魅力。

康提位于斯里兰卡中央地带，海拔600~1300m，是除了卢哈纳外最低的地区，受季风影响较小，一年之间基本无气候变化。红茶生产量和品质都很稳定，特征不明显，出涩味的单宁含量少，主要用于制作调味茶或加香茶，也可用于制成冰红茶，茶汤不混浊。康提的等级大部分是BOP，也加工OP红茶。康提红茶的迷人之处在于其明亮的深红色汤色。斯里兰卡最早的红茶生产地就是康提。有“锡兰红茶之父”之称的詹姆斯·泰勒在这里始建茶园。在苏格兰出生的詹姆斯·泰勒17岁时为寻找咖啡农场来到锡兰。但咖啡农场因为咖啡锈病而荒废衰退。他就在这里种上了带来的阿萨姆茶树，开始生产锡兰红茶。他一生都致力于制作红茶而被称为“锡兰红茶之父”。

康提OP

Craighead T.E OP1

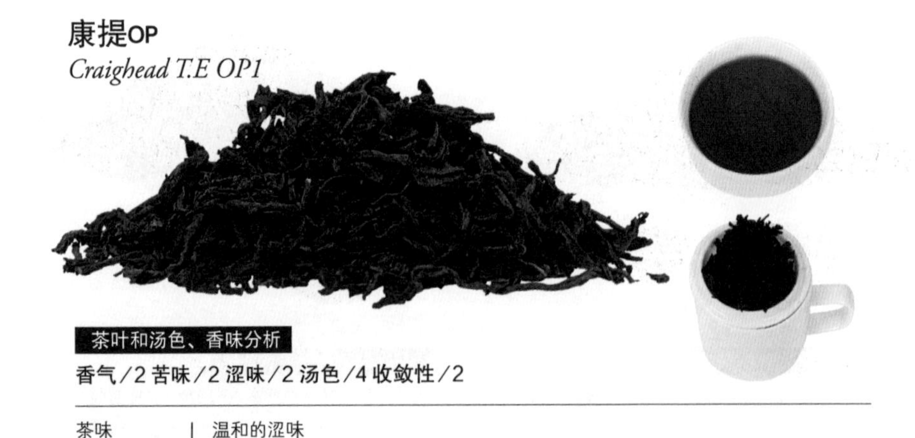

茶叶和汤色、香味分析

香气/2 苦味/2 涩味/2 汤色/4 收敛性/2

茶味	温和的涩味
冲泡标准	350mL 4g 4分钟
推荐冲泡法	清饮，奶茶，冰红茶

茶味和香气很弱，但以其鲜亮华丽的深红色汤色著称。适合制作奶茶和冰红茶。

卢哈纳 Ruhuna

茶叶很大、汤色较深、茶味温和的卢哈纳红茶。

卢哈纳红茶生产于热带雨林高温多湿气候的斯里兰卡最南端，海拔200~400m的斯里兰卡最低地区萨伯勒格穆沃省（Sabaragamuwa）。那里气温很高，因此茶叶比高原地带生长出的茶叶大很多。因为茶叶很大，所以在揉捻过程中出来大量叶汁，经过发酵后成为黑色的红茶，有烟草香，汤色很深。汤色虽深，但口感温和。

卢哈纳红茶主要由BOP制成，也加工高品质的OP茶叶。茶叶小的话，茶叶中出涩味的单宁很容易冲泡出来，涩味就会很浓烈；茶叶较大则甜味和涩味可以实现协调的统一。

17世纪中叶，锡兰岛分为三个国家。后来南部的卢哈纳在葡萄牙和荷兰的殖民统治下出现咖啡农场。咖啡农场衰败后变成茶园。现在卢哈纳这个地名已经不存在了，但作为红茶的名字，卢哈纳还一直存在着。

卢哈纳OP

Pothotuwa T.E

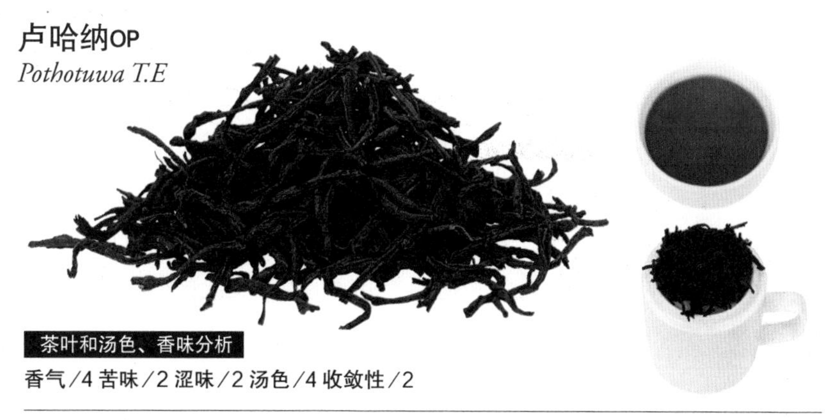

茶叶和汤色、香味分析

香气/4 苦味/2 涩味/2 汤色/4 收敛性/2

茶味	甜味萦绕的厚重茶味
冲泡标准	350mL 4g 4分钟
推荐冲泡法	清饮，奶茶

发酵度强，茶叶呈黑色。虽然是低山茶，却含有大量新芽而散发着花香和高雅清甜的麦芽香。茶味厚重，但甜味萦绕在口中。

China

红茶的鼻祖——中国。
迷倒欧洲人的东方神秘茶香。

中国作为茶的发源地，众多种茶中红茶是最晚出现的。17世纪初，福建省武夷山桐木村里诞生了最早的红茶——正山小种。1876年，祁门县建立了红茶作坊，至此，已栽培茶树千年以上的中国正式开始生产红茶。中国红茶在以英国为首的欧洲国家极具人气。时至今日，中国红茶大部分仍用作出口。安徽生产的祁门红茶位居世界三大红茶之列。生产量最多的是湖南，接下来依次为广东、云南、江西、安徽、广西、贵州和海南。祁门红茶的代表性红茶是OP型的“工夫红茶”和19世纪末按英国人口味开发的粉碎型“分级红茶”，最近也大量生产CTC红茶。

祁门 Keemun

受英国人热捧的东方传统香气。

浓深的蜂蜜香——祁门香。

位居世界三大红茶之列的祁门红茶产自中国东南部安徽黄山山脉周边的茶园。

安徽省气候温和，一年之中大约有200天会下雨，山间早晚温差大，这样的气候极其适合栽培茶树，但茶叶和印度、斯里兰卡的茶味完全不同。因其蕴藏着一股蜂蜜香和兰花香而迷倒了英国人。它骨感分明，兼具清爽的涩味和甜味。

为最大限度地发挥出其独特的茶香，多选用OP茶叶制成。一年可以收获4~5次，用传统制茶法精制而成。精制后的祁门红茶又称“工夫红茶”，单单听这个名字就感觉得到很费工夫，制茶后6个月到1年发酵熟成。在英国，祁门红茶经硬水冲泡后汤色较深，用其制成的奶茶人气很高；韩国人则喜欢清饮。

特级祁门红茶

茶叶和汤色、香味分析

香气/2 苦味/1 涩味/2 汤色/3 收敛性/2

茶味	温和的涩味中透着甜味
冲泡标准	350mL 5g 4分钟
推荐冲泡法	清饮

甜润中散发着让人联想到蜂蜜的兰花香和烟草香。早春摘的茶叶里含有大量黄金毫尖。汤色是深红色。

高级祁门红茶

茶叶和汤色、香味分析

香气/4 苦味/1 涩味/1 汤色/3 收敛性/1

茶味	甜味中透着隐约的烟草香
冲泡标准	350mL 5g 4分钟
推荐冲泡法	清饮，奶茶

英国人所谓的“东方神秘香气”就是熟成的甜润发酵香和隐约的烟草香。汤色是深红色。

正山小种 Lapsang Souchong

世界红茶起源的武夷山红茶。

经制茶工艺革新研发出的最高级红茶——金骏眉。

福建省武夷山桐木村里诞生了最早的红茶——正山小种。17世纪初开始制作正山小种的武夷山桐木村，提供给中国餐馆有龙眼香的红茶作为餐后饮品。海拔1000m的桐木村气温较低，在焚烧松木时烟气熏进茶叶后一起发酵。然后茶叶除了本身的龙眼香外还有了松烟香。中国红茶的主要消费者英国人深深着迷于这强烈的香气，于是开始制作强化松木熏烟过程的满溢松烟香的正山小种红茶。

然而，今日的正山小种已完全进化到了新一阶段。抛弃了正山小种带药味的熏烟香，追求甜润有韵味的香气。为制作出最高级红茶不懈地努力研发，最终迎来了金芽闪闪发光的高品质红茶——金骏眉的诞生。金骏眉再现了100年前正山小种横扫红茶市场的光荣场景。2007年，金骏眉一进入红茶市场就受到了狂热的喜爱，以极高的价格出售。金骏眉虽然是正山小种的分支，但是和正山小种不同。茶叶的外形像眉毛一样，都是金芽和金毫，因其出类拔萃的制茶技术而冠名以骏眉。考虑到茶叶的品质和采茶叶的标准不一，分级为金、银、铜。市场上常可见到金骏眉、银骏眉、铜骏眉的商标。

金骏眉的原料是早春采摘的野生春茶，外形坚实细长。制茶过程中茶叶的萎凋和发酵时间比正山小种大幅缩短而保留了蜂蜜香，但不进行正山小种熏烟制茶的过程。

随着金骏眉人气的不断攀升，消费者的需求标准也进一步提高。最近，云南、贵州、湖南、安徽等红茶产地都相继开始生产满足消费者需求的高级红茶，制成金芽含量大的红茶，称之为金骏眉。这些红茶虽不是“始祖”金骏眉，但很多红茶的风味绝不亚于金骏眉。

金骏眉

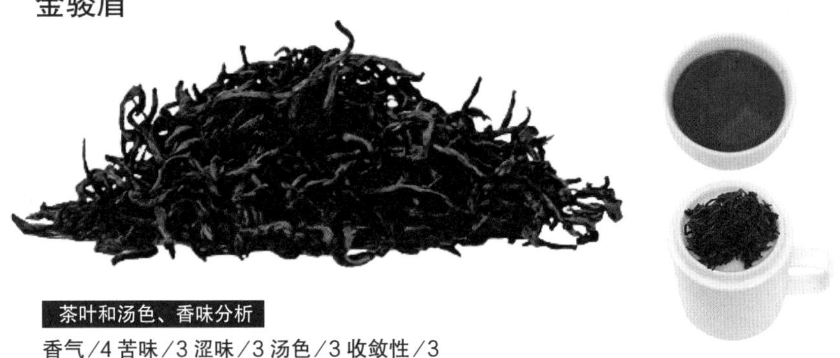

茶叶和汤色、香味分析

香气/4 苦味/3 涩味/3 汤色/3 收敛性/3

茶味	足以满足五官的丰富滋味，温和甘甜
冲泡标准	350mL 4g 4分钟
推荐冲泡法	清饮

光润的黑色茶叶里满含着闪闪发光的金芽。有涩味和苦味，骨感分明，爽口丝滑。兰香和蜜香里混着些许松香。汤色是橙色系的红色。

正山小种

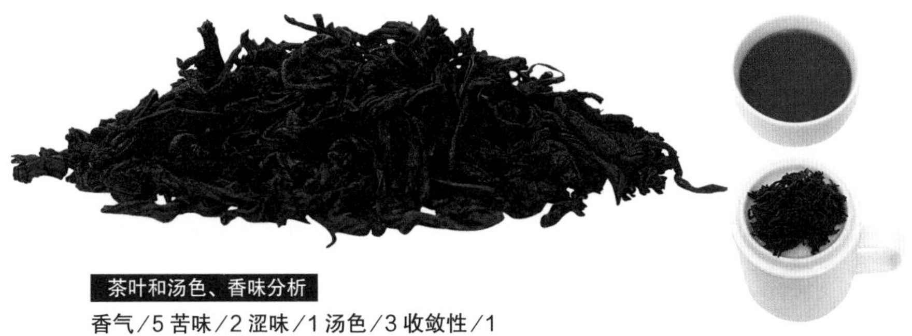

茶叶和汤色、香味分析

香气/5 苦味/2 涩味/1 汤色/3 收敛性/1

茶味	浓重的烟草香，回味甘甜
冲泡标准	350mL 5g 4分钟
推荐冲泡法	清饮，奶茶，冰红茶

让人不禁联想到湿叶的松烟香刺鼻而来。放入牛奶制成奶茶，香气会变得柔和，别有一番风味。夏日里做成冰红茶享用独特的香气也可。茶叶暗黑、有光泽。

云南红茶 Yunnan

普洱茶的故乡产出的大叶种红茶。

温和甜润的金黄色云南红茶。

中国红茶中相对出现较晚的是1938年左右诞生的云南地区大叶种制出的红茶，因云南别称是滇，所以称其为滇红。云南地区原本主要生产普洱茶，随着普洱茶市场的兴衰交替，大叶种红茶生产开始增多。大叶种制出的红茶形状较大，含有大量金毫，外观很漂亮。根据采摘茶叶的时期分类，春天采摘的春茶叫作淡黄，夏茶称为菊黄，秋茶是金黄。

云南在中国西南部，地形西北高、东南低。西北部是大陆性气候，南部是海洋性气候，两种气候兼具的地区是主要的茶产地，大部分在海拔1000~2000m处。产出好品质红茶的必备条件是昼夜温差大、多雾、稳定的平均气温。

云南的西部茶产地也产出高品质红茶。冲泡浓厚高雅的金黄色红茶汤色会呈浅橙色，金戒指般的汤色十分漂亮，散发着甜甜的蜜香和香喷喷的烤红薯香。涩味较弱、甜味凸显的云南红茶最近在韩国人气也很高，也很容易购买到。

云南红茶（针形）

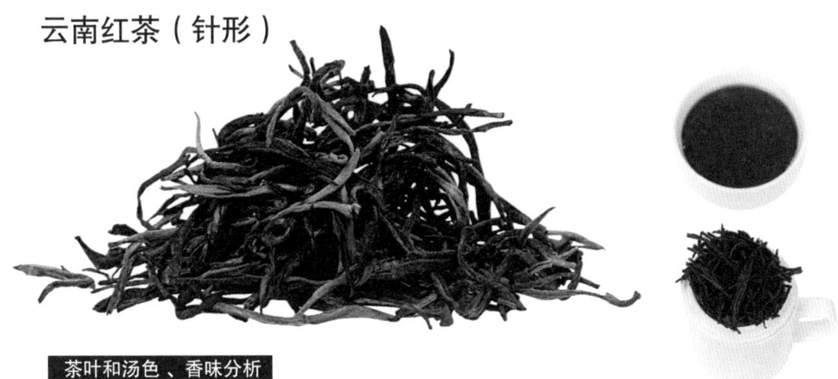

茶叶和汤色、香味分析

香气/4 苦味/1 涩味/2 汤色/3 收敛性/2

茶味	温和的涩味中蕴藏着甜味
冲泡标准	350mL 5g 4分钟
推荐冲泡法	清饮

大叶种制出的红茶茶叶很大，做成了坚固细长的针形。含有大量金芽，散发着醇香甜润的蜂蜜香，甜味突出，却不失红茶该有的风味。

云南红茶（金芽）

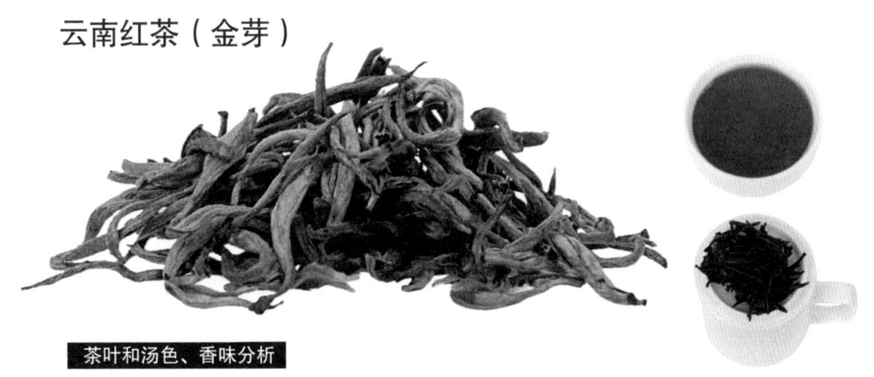

茶叶和汤色、香味分析

香气/2 苦味/1 涩味/1 汤色/2 收敛性/1

茶味	温和香甜
冲泡标准	350mL 4g 4分钟
推荐冲泡法	清饮

只用明亮的金黄色黄芽制成，这样的外观特征比较明显。比起其他红茶茶叶较大，散发着香喷喷的烤红薯香，具有特有的甜味，但味感比较单一。汤色是浅褐色系的金黄色。

Taiwan, China

日月潭红茶

地震带来的新生红茶。

蕴藏着优雅深浓香气的台湾红茶的代名词——红玉。

中国大陆有正山小种金骏眉，中国台湾有红玉。

台湾红茶的故乡是位于台湾中央的日月潭湖水附近的南投县鱼池乡，这个地方的红茶统称为“日月潭红茶”。日月潭红茶是台湾十大传统名茶之一。1925年日本殖民时期，台湾引进阿萨姆茶树系列栽培在日月潭附近，继而开垦出茶园，建立工厂，大量生产红茶用于出口。台湾的乌龙茶很有名气，人气与日俱增，渐渐地红茶就被遗忘了。1999年，百年一遇的“9 · 21”大地震突袭台湾中部地区，大部分茶园遭受巨大损害。遭受大灾难的南投县鱼池乡在台湾当局茶业改良场的指导下，以生产高级红茶为目标移植了台茶18号，并正式命名为“红玉”。红玉红茶拥有和既存的日月潭红茶不同的独特的优雅香气。鱼池乡在政府的积极支援下，将一枪二旗的台茶18号茶叶以

20世纪60年代以前的方式亲手一一地采摘并制成红茶。台湾红茶因这种泛着黑色光泽的很大的OP茶叶制成的红玉红茶重新迎来了红茶的复兴期。红玉红茶独有的天然桂圆香和清凉薄荷香也是自成魅力，让人着迷。

台茶18号（红玉）

茶叶和汤色、香味分析

香气/3 苦味/2 涩味/3 汤色/4 收敛性/2

茶味	浓浓、优雅的芬芳中实现了涩味和苦味的平衡
冲泡标准	350mL 4g 4分钟
推荐冲泡法	清饮

茶叶的外形相对较大，泛着黑色光泽。汤色是类似阿萨姆红茶的透亮的深红色。具有涩味、苦味、甜味三者平衡的风味。清爽而韵味十足的魅力型台湾香。

台茶8号

茶叶和汤色、香味分析

香气/3 苦味/1 涩味/2 汤色/3 收敛性/1

茶味	干果茶香，甜润滋味
冲泡标准	350mL 5g 4分钟
推荐冲泡法	清饮

茶叶泛着黑色光泽。汤色是明亮的橙色系褐色。甜味突出，蕴藏着果香。涩味和苦味较弱，适合做调味茶，也可以用来做生姜红茶。

101年4月農工務

Indonesia

爪哇红茶 JAVA

和锡兰红茶风味相似，特征不明显，茶味纯净。

1690年荷兰殖民时期引进了中国茶树系列，开垦出第一个茶园。1872年从斯里兰卡移栽阿萨姆茶树，至今已发展成广阔的红茶茶园。爪哇岛的红茶茶园主要分布在西部海拔1500m以上的高原和山地。爪哇和斯里兰卡地形、气候条件相似，所以红茶的风味也相近。茶叶全年都可以收获，因而维持了稳定的品质和价格。茶叶等级主要是BOP和CTC。涩味较弱，香气也不浓烈，汤色呈透亮的橙色系，特征不明显，适合做调味茶。

爪哇岛是传统红茶的生产地。很久以前，继印度、斯里兰卡之后大规模开垦茶园出口红茶。随着第二次世界大战和独立战争的爆发，茶园逐渐衰退，红茶生产量也渐渐减少。最近，凭着茶园的复苏，国营茶园大规模运营，然后通过雅加达拍卖将红茶输出到世界各地。

爪哇BOP

Malabar T.E

茶叶和汤色、香味分析

香气/2 苦味/1 涩味/1 汤色/3 收敛性/1

茶味	涩味较少，茶味温和纯净
冲泡标准	350mL 4g 4分钟
推荐冲泡法	清饮，奶茶，冰红茶

茶味纯净。涩味较少，汤色呈深橙色。蕴藏着甜甜的果香和新鲜的青草香。

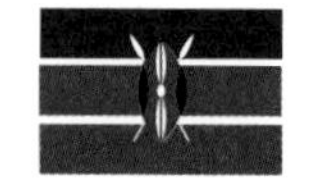

Kenya

肯尼亚红茶 Kenya

开发了大规模的茶园，世界红茶生产量第三位的非洲代表性红茶。

肯尼亚位于赤道上，整体海拔很高，茶园分布于海拔1500~2700m的高地。旱季、雨季分明，品质季节是1~2月和7~9月，全年都可以采摘茶叶，品质稳定，生长速度也很快。

在世界范围的制茶工艺实现机械化的20世纪60年代，肯尼亚为振兴红茶产业而大量生产CTC红茶，当然优质的茶叶也使用OP制作。其红茶特征不明显，因而多用于调味茶；涩味较弱但汤色很深，制成奶茶的话会呈现漂亮的奶咖色；也适合制成冰红茶来尽情享用。

1903年引进印度的阿萨姆茶树系列开始栽培红茶，可真正大规模发展茶园是在1963年独立后。以全年都可以生产茶叶的独特气候和丰富的劳动力为依托，肯尼亚逐渐成为世界级的红茶生产国。

肯尼亚红茶OP

Kaimosi T.E TGFOP

茶叶和汤色、香味分析

香气/3 苦味/2 涩味/2 汤色/3 收敛性/2

茶味 | 甜味中透着清爽的酸味
冲泡标准 | 350mL 4g 4分钟
推荐冲泡法 | 清饮，奶茶

含有大量黄金毫尖的肯尼亚产茶叶。汤色呈鲜亮透明的橙色系红色。柑橘香、甜味和酸味兼具。

肯尼亚CTC

茶叶和汤色 、香味分析

香气/1 苦味/1 涩味/3 汤色/3 收敛性/1

茶味 | 清爽、浓浓的涩味
冲泡标准 | 350mL 4g 2分钟
推荐冲泡法 | 奶茶

具有清爽、浓浓的涩味。汤色呈深褐色。适合用于制作茶包。

Chapter 2

红茶 历史之旅

在中国诞生的茶传播到遥远的英国后，欧洲的红茶文化开始遍地开花。在此过程中掀开了壮阔的世界史。茶和陶瓷器成为贸易的核心商品，为“分一杯羹”各国展开了激烈的竞争，殖民地开发、战争和独立运动等一系列历史事件席卷而来。

在中国诞生的茶传播到遥远的英国后，欧洲的红茶文化开始遍地开花。在此过程中掀开了壮阔的世界史。这时欧洲人也是第一次品尝到绿茶，但到了18世纪，红茶便超越绿茶居于主导地位。

茶传播到欧洲是在17世纪，始于荷兰。1602年荷兰成立东印度公司，1609年在日本平户开设商馆，第二年就引入了绿茶。东方的茶园、茶器、冲泡与品饮方法在荷兰贵族间广为传播并使他们深深折服。当时茶是可以和金银相媲美的奢侈品，是可供贵族阶级炫耀财力的工具。后来，茶从荷兰传播到英国。英国最早贩卖茶是在1657年伦敦名为“Garraways”的咖啡屋。当时宣传茶时说是包治百病的东方神秘之药。

将茶推广植根于上流社会的人是1662年和英国国王查理二世结婚的葡萄牙公主凯瑟琳。每日喝茶的她成为贵妇们效仿的对象。17世纪80年代，英国东印度公司才正式进口茶叶。1706年，托马斯·川宁从东印度公司独立出来开始销售茶叶，他就是现在川宁茶的创建者。

同时，通过荷兰人，红茶在美国也被广泛传播。美国最早也从英国东印度公司进口茶叶，但是过重的关税迫使美国选择荷兰走私茶叶。英国为扩收税金而制定出条例，因此激怒了北美殖民地人民，接着就发生了1773年波士顿倾茶事件。愤怒的北美殖民地人民聚集在一起，将停泊在波士顿港的三艘茶船上的茶箱全部推入海中，这个事件成为美国独立战争的导火线。

1823年，英国人罗伯特·布鲁斯少佐在印度殖民地的阿萨姆地区发现了茶树。后来，罗伯特的弟弟查尔斯·布鲁斯开始栽培阿萨姆茶树。自此，英国人不再只依赖于中国红茶，开始可以自主生产红茶。

1869年苏伊士运河开通，原来中英之间通航需绕过好望角在海上航行90天以上缩短至仅需28天。

1890年，托马斯·立顿在锡兰的乌沃地区扩建自己的茶园，把实惠新鲜的立顿红茶销往全世界，锡兰红茶也成为红茶的代名词。自此，高价的奢侈品红茶成为任何人都可以选购到的世界饮品。

红茶之国——英国

茶的普及

1658年，英国资产阶级革命的领导者奥利弗・克伦威尔（1599—1658）死后，在法国流亡的查理二世（1630—1685）回国并于1660年复辟君主政体。查理二世迎娶的王妃是从葡萄牙远嫁而来的布拉干萨王室的公主凯瑟琳（1638—1705）。

1662年，凯瑟琳带来了7艘船的嫁妆，船里面装了很多砂糖。当时砂糖是如同银一样的奢侈品。凯瑟琳带来的另一大宝物就是东方的茶。当时主流的茶是中国产的绿茶，直到18世纪，红茶才真正意义上成为英国的国民饮料。

凯瑟琳公主

茶第一次席卷英国时，王侯贵族和富有层偏爱的茶和中国的瓷器茶碗在他们之间瞬间风靡。然后，随着伦敦的咖啡屋开始迎来更多的喝茶者，出现了专门卖茶的商铺和专给王室供茶的茶商人。

咖啡屋

17世纪中叶，英国新出现的咖啡和茶迎来了极大人气，随之出现了咖啡屋。最早的咖啡屋是犹太人在牛津开立的。1657年，托马斯・加罗韦在伦敦开了咖啡屋“Garraways”，销售咖啡、热可可还有茶。1660年，加罗韦为宣传茶写了“不管是冬天还是夏天饮用都有温度刚刚好的饮料，直到老都会帮我们保养健康、治疗疾病”等30个条目来展示茶的功效。咖啡屋在17世纪到18世纪中叶是鼎盛期，只在伦敦就开设有3000多家。咖啡屋成为普通市民的聚会场所，大家可以在这里纵情谈论政治、社会、经济问题。这也成为民主主义诞生的基础。因此，感觉到危机的查理二世在1675年下令关闭咖啡屋。但由于民众的支持，咖啡屋最终没被撤

咖啡屋

销，反而越来越繁盛。茶不但在上层，也在平民中深深扎下了根。

从绿茶到红茶

英国人最早品饮到的茶是中国的绿茶。1720年，红茶循着人们喜好的变化而来。比绿茶价廉、有着深浓的香气和汤色的发酵茶——正山小种闪亮登场。正山小种是中国福建省武夷山周边生产的红茶（正山：武夷山。小种：小叶种茶树），生产量较少。随着欧洲消费量的增多，中国制作出了带有强烈熏烟香的正山小种。传统意义上，中国人不管是绿茶还是发酵茶，干燥好的成品茶就不会再为其加香。但是英国的水是硬水，冲泡后茶的味道和香气都会变淡，汤色会加深，而英国人喜欢喝香气浓郁的茶。中国人大部分喝绿茶或者乌龙茶，红茶则多用于出口而特别制作。出口用的正山小种干燥后的茶叶加湿后再次进行熏黑生产。相比原来的正山小种，这种味和香更浓重的正山小种不再散发香甜的果香和清新的松烟香，而是散发出类似正露丸的香气。这种香气被英国人认为是东方的香气。

中国福建省武夷山桐木村

美国独立与红茶

美国独立战争的导火线——波士顿倾茶事件

1664年，曾经是荷兰属地的现在的纽约成为英国属地。同时，茶的供给开始由英国东印度公司全权负责，红茶价格暴涨。对于茶已经成为生活必需品的美国人来说，附着高税金的英国运输来的红茶没有实惠的荷兰走私红茶受欢迎。英国东印度公司为了保证征收到高额的税金，于1773年颁布了相应的茶条例来捍卫东印度公司贩卖茶叶的垄断权。这样的政策激怒了当时仍为英国殖民地的美国人民。1773年12月16日，一群市民乔装成印第安人进入在波士顿港停泊的英国东印度公司的茶船，将342箱红茶全部倾入海内。这就是有名的波士顿倾茶事件。

各殖民地以此为契机召开了大陆会议。1775年，美国掀起了反对英国的独立战争。

波士顿倾茶事件

鸦片战争与茶赛跑

红茶造成的贸易不均衡与鸦片战争

18世纪中叶，英国红茶消费量剧增，红茶成为英国东印度公司的主要进口商品。中国对欧洲的商品没有兴趣，卖茶的货款只希望用银来支付。这样，贸易不均衡地流出白银的欧洲经济开始出现严重的问题。再加上英国原来在南非银矿开采白银后是通过殖民地美国来输入的，当时由于美国独立战争这条路也断了。英国解决当时不均衡问题的方法是地球上最令人发指的行径——鸦片贸易。

英国在印度孟加拉湾种植鸦片输往中国勒取白银。鸦片贸易带来的是300~500倍的无法抵抗的收益诱惑。茶贸易失去的白银一个劲地倒流回英国。

吸食鸦片

鸦片是中国旧时只放入少量当作药用的东西，却因为英国而大范围传播开来。鸦片的扩散严重危害到了中国的社会经济。清王朝下令禁止输入鸦片，但为了钱不择手段的欧洲商贩们展开了激烈的反击，再勾结上腐败的官吏一起，境况已无法挽回。

1839年，清朝朝廷派遣林则徐（1785—1850）到广东发布了“没收现在保留的所有鸦片，违者处刑”的命令。

林则徐处罚了贩卖鸦片的人，严惩了收取贿赂的官吏，打压了英国的商人。为了没收这些商人所持有的鸦片，兵士们包围了西方商馆，实施了强硬的政策措施。

英国以中国妨碍他们进行鸦片的自由贸易为由对清政府发动了无理攻击。1840年6月，秘密到达广东的英国海军舰队立刻展开突袭，攻陷了林则徐驻守的基地。英国军队继而北上攻打各个沿海城市。英国海军的威力有着清政府的军事力量无法抗衡的破坏力。清朝道光皇帝深知本国军队的实情又无法解除鸦片禁止法令，只得迎战。

1842年8月，清王朝和英国签订了屈辱的《南京条约》，将香港割让给英国。之后，香港被英国殖民

苏伊士运河开通的报纸插图

统治了长达1个多世纪。

通过这场战争，英国不仅可以在香港，还可以在广州、厦门、福州、宁波、上海开放港口自由贸易。1844年，美国、法国也同清朝签订了通商条约。

茶赛跑

中国茶的进口原来只有英国东印度公司有特权，1833年这条特权被撤销，英国各地梦想着大发横财的公司开始加入茶贸易的竞争中。谁能最快地把中国的新茶带入欧洲，谁就是竞争的核心。这时出现了运送茶叶的快速帆船，称为运茶快船（Tea Clipper）。

当时，从中国运茶到伦敦泰晤士河港口的是英国的帆船。但是1849年，长期茶贸易以来排斥外国船的航海法被废止。从1850年起，美国的快船“东方号”开始往伦敦派送茶叶，比原来的英国船时间缩短一半，仅95天就完成了航程。紧接着掀起了激烈的速度竞争，这个速度竞争被称作茶赛跑。运茶快船后来演变成为一种国际的运动比赛。美国迎来了建造更快的快船造船业的春天。

航海就好比一场横穿大西洋的船速竞争，有粉丝俱乐部也有赌注，赢的人获得奖金。船长和船员就像项目竞争团队那样做准备和训练，用月历代替秒表，视线片刻不肯离开。快船到达时间前后可能只错几分而展开激烈竞争的情况也有，这时伦敦的市民会涌向码头为他们助威加油。社交界也以预测船中谁先到达、到达的顺序为自豪。想要成为第一个喝到新茶的人的骚动不安愈演愈烈。后来人们发明了蒸汽船，茶赛跑消失于1869年苏伊士运河开通后。

UNIT 4

阿萨姆红茶、大吉岭红茶和锡兰红茶

英国的布鲁斯兄弟1825年在印度的阿萨姆地区种了茶树苗和种子。弟弟查尔斯·布鲁斯跑遍了阿萨姆的各个地区尝试栽培茶树并最终获得成功。他充分知晓阿萨姆地区必须种阿萨姆茶树系列，为遮挡强烈的日光要栽植遮光树。1839年，用中国的制茶法制成的阿萨姆红茶开始销往英国。阿萨姆红茶的成功栽培，使得红茶大规模生产变成一种可能，欧洲不再只依赖中国购入红茶。

曾是印度总督的威廉·贝内迪克成立了茶业委员会，为开辟茶园调查阿萨姆的气候、土壤、地形等，为获取制茶技术派遣乔治·戈登到中国去，虽获得了茶树，种植后却并未成功。应东印度公司的邀请，苏格兰园艺从业者罗伯特·鲍川被派遣到中国。最初以产业间谍的身份已经从中国带回了许多珍贵的植物并获得了商业性的成功，这次又“不辞辛苦”追踪长久以来保密的中国茶生产和栽培方法。最后他带着茶种子、茶树苗和熟知茶树栽培的茶农来到印度的加尔各答。随后在印度各个茶园种植茶树，只有大吉岭地区的茶树成功存活。散发着高级的麝香葡萄香的中国茶树种红茶——大吉岭红茶就是这样产生的。

现在，一提起斯里兰卡任谁都会想起红茶。但斯里兰卡最早开垦的农场的生产作物不是红茶而是咖啡。英国在新的殖民地锡兰岛大规模开垦咖啡农场。1865年，因为盛行的传染病咖啡叶锈病，咖啡农场被荒废。被称为“锡兰红茶之父”的詹姆斯·泰勒在所有荒废的咖啡农场里栽培阿萨姆茶树，把终生献给了红茶制茶事业。英国为大规模开垦农场任意使唤南印度的泰米尔人，被压榨与差别对待的泰米尔族一直过着悲惨的生活，这成为后来斯里兰卡长期内战的原因。投资锡兰红茶、开创出世界级企业的人正是托马斯·立顿。在副食品行业获得极大成功的托马斯·立顿直接买下了乌沃地区的茶园，并在科伦坡设立制茶工厂。他提出“从茶园直接到茶壶的好茶”这一宣传语，用覆盖全球的红茶网将锡兰红茶在全世界推广普及。现在，斯里兰卡是全世界最大的红茶出口国。

Chapter
3
红茶文化之旅

蕴藏着“神秘的东方香气”的红茶在欧洲贵族阶层中盛行，他们都深深为之倾倒。为红茶而制成的漂亮的中国陶瓷茶具，将欧洲人的生活水准提升到新的层次。伴随着想要插手东方宝物的欧洲贵族阶层的迫切希望，世界级的名牌陶瓷器和红茶品牌诞生了。

UNIT 1

上流社会的红茶文化

葡萄牙公主凯瑟琳远嫁英国国王查理二世时带了茶和中国的茶具套装作为陪嫁。当时的茶盏和碟盘是以中国的设计为模板制成的，茶盏没有把柄，茶具由茶盏和碟盘构成。使用从中国传入的没有把柄的茶盏倒茶的话很烫，就稍稍倒出一点到碟盘里，一边放凉一边一个劲地刺溜刺溜饮用。早期欧洲的碟盘用来倒入茶放凉，所以做得比现在的深很多。因为要用碟盘喝茶，所以用茶匙盛砂糖放入搅拌后不要将茶匙放在碟盘上，而是放在茶盏里，这才是正确的方式。又因茶盏较小，如果将茶盏整个腾出的话就可以多喝几次。已经充分饮用红茶时，通过将茶匙平放在茶盏上方或者用茶匙轻轻敲打茶盏向佣人示意，以让他们赶紧收拾。

品饮象征财富的茶在王室和贵族中渐渐成为一种根深蒂固的生活习惯。贵族们将茶保存在类似带锁的珠宝箱一类的地方。这个箱子称为“糖果盒”，镶嵌着白银或用龟皮装饰。泡茶的方法有两种：一种是荷兰式，置茶叶于银质的茶壶中，倒入水然后开火煮开；另一种是中国式，置茶叶于类似水壶的茶壶里，灌入烫水冲泡。当时的茶壶很小，需要不断加水冲泡、几次品饮。使用银制并穿有小孔的“波形茶匙”来捞出茶叶。后来，这种茶匙演变成现在的茶叶过滤器。

贵族们的品茶时间从早上起床到晚上休息达六七次。贵族和平民的饮茶习惯和方式也大相径庭。贵族茶文化到底是什么呢？接下来将依次介绍18—19世纪从早到晚品茶时间的情况。

① 早茶 Early morning tea

一大早佣人们就将放着温暖红茶的茶盘送至床前，一睁眼就先用红茶润一下喉。

② 早餐茶 Breakfast tea

贵族们起床后吃英式的早餐。菜谱是新鲜的果汁、鸡蛋料理、火腿、香肠、干鱼、面包、水果和加入牛奶的红茶。

③ 上午茶 Elevenses tea

吃过早餐后，一边换衣服、化妆、整理头发，一边思忖着一天的事宜。上午茶就是这个时候喝的红茶。

④ 午餐茶 Lunch tea

午餐会在茶篮里放入红茶、水果和饼干出去野餐。野餐期间就是佣人们的休息时间。

⑤ 下午茶 Afternoon tea

下午茶是19世纪第七代贝德福德女公爵安娜（1788—1861）推广的习惯。早餐很丰盛，午餐不吃，晚餐时间前就开始饿了。安娜用红茶和饼干招待叫来的朋友们，很快，搭配着茶点品饮红茶的下午茶在贵族中流行起来。

⑥ 傍晚茶 High tea

傍晚茶也有搭配着肉类料理喝茶的意思，不是正式晚餐，只是简单吃点晚饭。起源于苏格兰地区，傍晚茶的高（high）是相对于下午茶专用的低茶桌来说的，在较高的餐桌上品饮红茶，吃简单晚饭。

傍晚茶对于平民阶层来说就是肉或土豆加上加糖的茶的晚餐，而对于贵族阶层则是欣赏话剧或音乐会中场休息时品饮的红茶。

⑦ 睡前茶 Nightcap tea

深夜入睡前为暖身而喝的红茶。和早茶一样是佣人们准备好端至床前的。

Garden of spring 红茶店

UNIT 2

平民阶层的红茶文化

以前，英国的咖啡屋平时是禁止女性出入的，只有男性可以进进出出，这样的话，普通女性就没有接触到茶的机会。现在著名的红茶企业川宁的创立者托马斯·川宁1717年销售的并不是要在茶馆里制成的茶叶，而是可以在家煮好喝的茶叶，当时的店名是黄金狮子。此时一般家庭主妇也可以接触到茶。茶在卖布匹或者缝纫用品的妇人用品店也有销售。自此开始出现写有泡出美味红茶的方法等的广告宣传册，现在通常称之为黄金法则。当时，冲泡茶的方法是先在茶壶里放入茶叶，灌入一半烫水，茶水变浓的时候再补充烫水。

茶变得平民化，只从中国进口茶已不能满足人们的需求。于是，劣质的茶叶和伪造茶开始流通。茶商人从贵族佣人那里低价买到贵族们使用过的茶叶，然后混入落叶或者柳叶进行销售。更有甚者一点都不掺入茶叶，只是用药品给树叶、草或者木屑着色后充当茶叶卖出。

红茶普遍化的其中一个原因也是因为中国传播过来的绿茶着色或者冒假太多逐渐失去人们的信任。

19世纪中叶，印度的阿萨姆红茶通过东印度公司传入英国。阿萨姆红茶比中国红茶浓，红茶该有的刺激味很强，汤色与其说是红色，不如说是和咖啡很像的黑色，因此更适合称之为Black tea。干了繁重的劳动、寻求刺激的市民们希望红茶的刺激味越浓越好，因此阿萨姆红茶受到了市民们的热烈欢迎。深浓的阿萨姆红茶里加入牛奶后成为奶咖色的美味红茶，它足以给被重活儿深深折磨了的市民们以营养和慰藉。

市民们一天也喝红茶六七次。

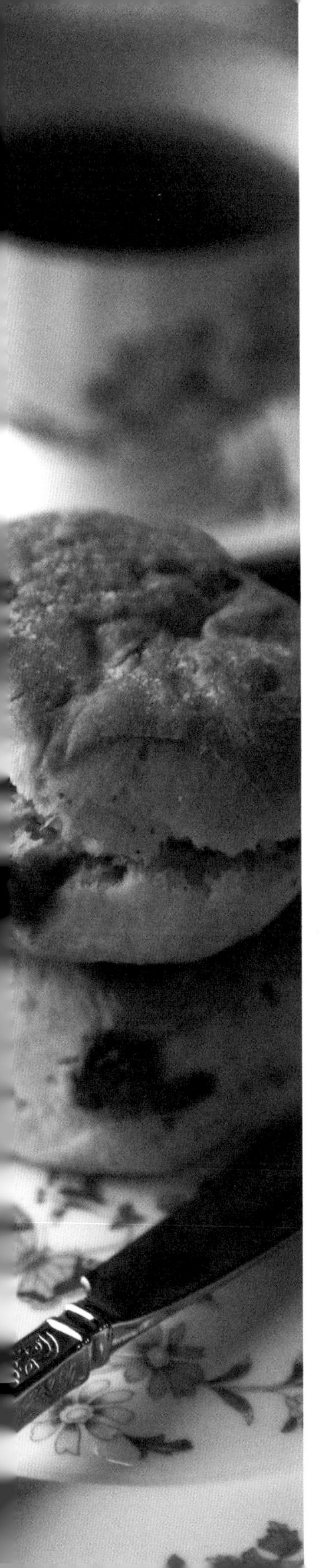

1 早茶 Early morning tea

产业革命发生后，人们纷纷涌往城市。他们早上要很早起床前往工作地。在去上班前，先在暖炉旁喝上一杯热气腾腾的红茶，然后在熟睡的妻子旁边放上一杯。

2 早餐茶 Breakfast tea

到工作地后，吃面包或夹心饼干搭配红茶作为早餐。在家的妻子的早餐也是朴素的食物和红茶。

3 上午茶 Elevenses tea

中午前稍作休息时喝的红茶。产业化造成水被污染，所以不能饮用，要煮开后放入红茶方可饮用润喉。

4 午餐茶 Lunch tea

午餐通常也是类似面包或香肠这样的简单饭食。这时也会搭配红茶。

5 下午茶 Afternoon tea

休息的日子可以和家人一起享受的下午的红茶。司康饼、松饼等烤制的饼干外还会吃奶酪和三明治。不只在室内，还会去郊外或庭院等地方品茶、享受美食。

6 傍晚茶 High tea

从市民的饮食文化里衍生的习惯。简单的晚餐还会一起吃面包、奶酪、肉类料理等。男性搭配喝红茶或酒，女性和小孩则搭配喝红茶。

7 睡前茶 Nightcap tea

寒冷的深夜入睡前为暖身而喝的红茶。加入缓解身心疲劳的薄荷饮用也可。

红茶和陶瓷器

在红茶之国英国，随着红茶产业的发展，一起腾飞的还有陶瓷业。红茶文化讲究的就是惬意自然地品饮红茶，所以就带动了必需的陶瓷器的发展。陶瓷器既是生活用品，又是艺术品，给欧洲的生活文化带来了很大影响。

茶和陶瓷器促使欧洲人的生活水平进一步提升。拥有只有贵族才能买到的极其昂贵的陶瓷茶盏是社会地位高的一种象征。因此，贵族们画肖像画时手里都端着陶瓷茶盏。17世纪后期，贵族们因贵重会将自己的茶盏和碟盘装在绸缎做内衬制成的特制皮套里，出行时随身携带。

英国人注重陶瓷和高价进口的中国产陶瓷是不是一样，不是的话就丝毫不感兴趣。中国产陶瓷大部分是青白相间的青花白瓷。英国人300年间痴迷于这种青白相间。

欧洲人羡慕的中国陶瓷器制造法长期以来一直是秘密。为深入了解生产陶瓷器的三大核心秘诀——陶土、釉料和烧制的温度，欧洲人费尽心血，但想要达到东方烧瓷水平需要很长时间。历经波折后，欧洲人终于找到了不纯物质少、可塑性强、就算经过烧制也依然保持白色的黏土，经高温烤化后可以获得釉料成分，温度需达到高温1300℃。

青花茶壶，古典艺术品收藏

1709年，麦森瓷器初次被制出，英国的技术革新比德国、法国的陶瓷器公司晚了一步。再加上贸易限制，德国制造的陶瓷器无法在英国销售。所以，中国陶瓷器对英国陶瓷器产业的发展有很大影响。此外，因为荷兰和英国深厚的政治

蒂施拜・约翰・海因里希，1756年

关系，荷兰派出了陶艺家来到英国。英国初期的陶艺就是受到了荷兰的代表瓷器——代夫特瓷器的影响。

起初没有把柄的茶盏和其他餐具大部分是仿造中国制造的产品。18世纪时，欧洲陶瓷器要比现在的柔软和轻。将白黏土粉碎，和不纯的釉料混合，在1100℃中烧制。这种瓷器易碎。如果直接往里面灌入烫水会出现微小的裂缝，所以为防止这种情况发生，就形成了先放冷牛奶的习惯。使用坚硬的骨瓷时至今还保持着这样的习惯。制造出像现在这样有把柄的茶盏是从18世纪开始的。类似红茶这样的发酵茶，经过高温冲泡时茶盏很烫，茶盏越大就越有必要做把柄。

1770年，乔舒亚·威基伍德（Josiah Wedgwood）的乳白系列瓷器大获成功。细致地在成型的茶盏上漆上透明的釉料后，制成漂亮的乳白色瓷器。18世纪末的1798年开始大量生产骨瓷（硬质瓷器）。实际上，加入了动物骨灰成分的骨瓷轻巧通透又结实。英国在维斯特尔工房里制出了画有乔治一世和乔治二世肖像的有柄大杯。描绘有伊丽莎白家族的茶盏有很多至今尚存。骨瓷技术奠定了19世纪英国陶瓷器产业大量生产出高品质餐具的基础。生产出Royal Doulton、Wedgwood、Herend等名品陶瓷器的欧洲，如今成了东方曾垄断过的陶瓷器产业的主角。

Herend茶具套装（欧洲瓷器博物馆收藏）

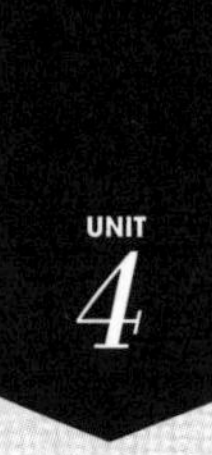

世界知名的红茶品牌

英国

川宁
TWININGS

拥有鼻祖“伯爵红茶”配方的传统红茶名门之家。1706年由托马斯·川宁（Thomas Twining）在伦敦创立。2006年已创立300周年。关于伯爵红茶的说法有很多种，它起名源于19世纪曾任英国首相的格雷伯爵。当时川宁为满足顾客喜好对茶叶进行了拼配。格雷伯爵被中国派来的使节团带来的武夷山红茶深深吸引，便要求川宁制出相同的红茶。经过许多次反复试验，最后通过在中国产红茶里放入佛手柑油对茶叶加香后进献给格雷伯爵，终于实现其愿望。

川宁研制出的伯爵红茶配方延续至今，已经超过了170年。1837年，维多利亚女王指定其为皇室御用茶，最初的拼配茶诞生了。

立顿
Lipton

全世界最畅销的茶饮料品牌。曾经营过食品杂货店的托马斯·立顿，于1889年在英国将锡兰红茶叶包装后廉价卖出，对红茶的大众化做出了很大贡献。1910年问世的黄牌红茶（Yellow Label）茶包是选用肯尼亚和锡兰的茶叶调配而成的，成为风靡全球的大众茶。

威基伍德
WEDGWOOD

瓷器名家威基伍德产出的高品质红茶。1759年，乔舒亚·威基伍德（Josiah Wedgwood）创立以名作浮雕玉石（Jasper Ware）、优质骨瓷声名显赫的陶瓷器公司——威基伍德。1991年开始销售红茶，以装在光鲜亮丽的钴蓝色红茶罐里、经严格挑选出的茶叶著称。

哈罗兹
Harrods

世界闻名的百货店，伦敦的名物招牌。1849年，查尔斯·亨利·哈罗兹从一家红茶专卖店开始创业。有近170年历史的哈罗兹制造了多样的自有品牌商品。大吉岭红茶只用次摘茶叶制成，选用其他地区的茶叶也会直接派遣专业的品鉴专家严格挑选。

福特纳姆和玛森
FORTNUM & MASON

拥有丰富多彩的菜单变化和精致的茶味。1707年，威廉姆·福特纳姆（William Fortnum）和休·玛森（Hugh Mason）合开了一家食品杂货店，至今已有超过300年历史。自维多利亚女王起的约280年间一直为皇室供应红茶等食品，现在是声望极高的伦敦高级食品店，拥有茶味精致优雅的自有品牌。产地茶的清饮茶，苹果、草莓、肉味等系列的调味茶都很有名。

亚曼
AHMAD

创立者亚曼前往俄罗斯研究优质茶叶生产后向英国输入，然后廉价出售，为英国红茶的大众化做出了贡献。亚曼也是大型超市陈列柜上非常耀眼的品牌。

切尔西的惠塔德
Whittard of CHELSEA

Whittard于1886年以制造出最高级红茶为目标在英国创立。生产出的300余种红茶和直接加入干果的球场茶，以及多样的以阿萨姆为基茶做出的早餐茶等都闻名于世。提供多元的红茶种类和水果茶、花茶等。

法国

珍妮特
Janat

商标是创始人的两只爱猫。追求世界上最好的茶味。

创始人珍妮特·德莱斯为制出最高品质的食品前往世界各国旅行，累积了红茶调配相关的丰富经验后制出了富有个性的红茶。

玛利阿奇兄弟 MARIAGE FRERES

承载着法国最美的历史和传统的红茶品牌。

作为引导法国茶文化的代表品牌，于1854年成立于巴黎马莱的店铺至今仍在营业中。主要使用印度和中国为首的各国茶叶。另辟出精致独创的茶味，提供有激活各茶叶特性的拼配茶和调味茶，总数已逾500种。

馥颂 FAUCHON

以多样的拼配茶著名的法国红茶。

1886年，奥古斯特·费利克斯·馥颂（Auguste Felix Fauchon）为制出最高级食品以食品杂货店形式创立。在保持茶叶原有特征的基础上，20世纪60年代加入水果，20世纪70年代加入花草独辟出拼配茶。

德国

罗纳菲特 Ronnefeldt

1823年，约翰·托比亚斯·罗纳菲特（Johan Tobias Ronnefeldt）在法兰克福创立的德国红茶品牌。只走高端茶的战略大获成功，现如今德国排名前100的宾馆消费的红茶2/3都来自这个公司。

美国

哈尼·桑尔丝
HARNEY & SONS

在短短的时间里为茶狂热者开发了多样系列的茶，并来回奔走于全世界有名的产地，全力以赴地寻找最好的原料来满足顾客的喜好。

日本

绿碧
LUPICIA

1994年在东京成立的日本品牌，茶叶盛放于简便的铝制茶罐里，受到了年轻人的欢迎。根据季节不同，有拼配红茶和从产地直运来的以茶园为单位的红茶。

日东红茶

日东红茶1909年在台湾开设茶园，是日本最早有自己专门茶园的公司。1927年发售包装品牌“三正红茶”，1930年改称为“日东红茶”。最近生产了“日东红茶经典系列”，也已在互联网上开始销售。广岛工厂引进了HACCP（危害分析的临界控制点）系统，开售最好的红茶“PRIME T.B.”。

主要明星产品有茶包、叶茶以及皇家奶茶、伯爵奶茶等速溶茶。香草茶有“6 Variety pack”等，也可制成罐装红茶。

斯里兰卡

曼斯纳
Mlesna

1983年成立的曼斯纳是斯里兰卡最具代表性的红茶公司。生产有乌沃、汀布拉、努沃勒埃利耶等调味茶。

迪尔玛
DILMAH

只使用新鲜的斯里兰卡茶园生产的茶叶的代表红茶。由曾是斯里兰卡出色的品鉴专家的Merrill J. Fernando先生设立于1974年。迪尔玛为保留锡兰红茶丰富的香味而采用产地直运茶叶制成红茶。

1988年从奥地利引进“迪尔玛”商标之后，至今深受全球90多个国家的人们喜爱。

新加坡

TWG

TWG是The Wellness Group的缩写，接收到供给来的新鲜茶叶后，熟练的能工巧匠们制造出1000多种茶。它是为纪念新加坡在1837年商工会议所成立后成为茶贸易的中心而诞生的。

Chapter 4

听我一一道来的红茶常识

为什么红茶对健康有利呢？红茶比咖啡含有更多的咖啡因是真的吗？红茶盏和咖啡盏哪里不同？路易波士茶是红茶吗？红茶的英文为什么不是red tea而是 black tea？喝红茶最多的是哪个国家？这里是人们曾好奇的关于红茶的20问。

1. 红茶和绿茶的冲泡水温和时间不同吗？

与绿茶不同，红茶要用高温煮的烫水冲泡。氧化发酵度低的绿茶或白茶必须使用降温后的水才能缓和茶的涩味，制出美味的茶。红茶则必须保持高水温，才可以让茶叶充分实现“跳跃”后提取出有效成分。但由银色毫尖制成的红茶需要用低温水冲泡。

冲泡时间和泡茶品饮的习惯息息相关。一般绿茶和乌龙茶使用小茶壶多次冲泡、品饮，所以冲泡1分钟即可；而红茶则是在大的茶壶里冲泡、一次品饮，所以需要充足的时间。

绿茶：65~75℃　红茶：93~98℃

绿茶：1~3分钟　红茶：3~5分钟

2. 如何长时间保持红茶的新鲜度？

温度：室温

湿度：干燥的地方

氧气：隔绝与氧气接触以便保留香气

阳光：避免阳光直射

香气：切勿与化妆品、香料等一起放置

茶叶很容易吸收水分和气味，所以完美的密闭很重要。特别是放在冰箱里的话，冰箱中的味道马上就会浸透进去。茶叶应在室温下不透光的地方保存，准备专用茶叶罐保存更好。

茶叶罐不应选择塑料或木质的，应选用铝、玻璃、陶瓷等材质的。

3. 红茶的成分和功效有哪些？

喝一盏红茶相当于汲取了6个苹果的抗酸化成分。

红茶富含单宁、咖啡因、氨基酸和各种维生素等。特别是单宁的含量比绿茶和乌龙茶多很多。单宁是出涩味的多酚的一种，可以分解中性脂肪，有利于节食、降低胆固醇和血糖值。茶中富含的多酚是可以抑制引起癌症和脑中风等各种疾病的活性氧的抗酸化成分。瑞典的卡罗林斯卡医学院研究团队为研究保持喝茶习惯和有血栓产生的危险的关系，对74 961名志愿者进行了10年的调查研究，结果显示，每天保持品饮4盏以上红茶的人，脑血管被血栓堵塞的危险度下降了21%。

红茶里含有的天冬酰胺、褐藻酸、谷氨酰胺等氨基酸，是出美味茶味的成分。这些红茶的有效成分可以击退霍乱菌等病原菌，抑制病毒，也可以预防并抵抗感冒。红茶中含有的氟也可以预防蛀牙。

2盏红茶的抗酸化成分相当于20杯苹果汁的抗酸化成分。

4. 红茶和咖啡因

咖啡因有促进新陈代谢的利尿作用和疲劳恢复、振奋精神和助消化的作用，但是过多摄取会对健康有害。

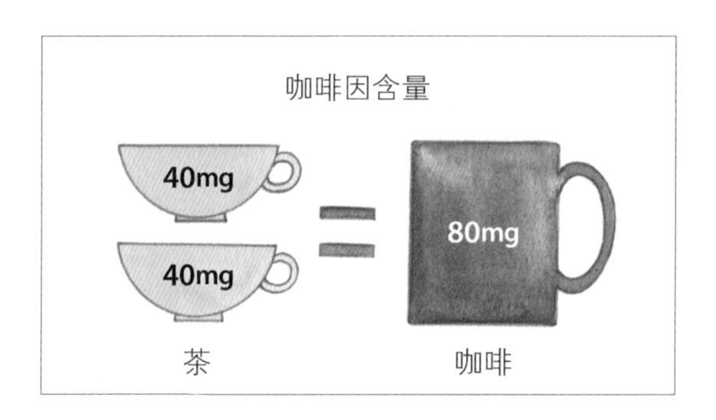

提起咖啡因，我们首先想起的就是咖啡。细究制作材料的话，100g红茶比100g咖啡的咖啡因含量更多。但是制出一盏咖啡需要的材料要比一盏红茶多很多，所以喝红茶要比喝等量的咖啡摄取到的咖啡因少。

咖啡因含量较多的饮品有能量饮料、速溶咖啡、现磨咖啡、可乐和红茶。

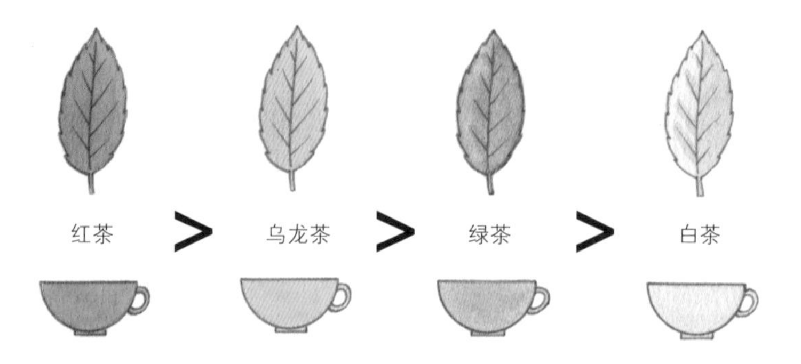

茶的发酵程度越高咖啡因含量越高，咖啡因含量从高到低依次为红茶、乌龙茶、绿茶和白茶。

5. 红茶和茶点

为什么红茶适合和其他食物搭配饮用?

有茶点的说法，但从来没有咖啡食品的说法，就是说红茶适合和其他食物搭配饮用。红茶富含单宁，单宁可以分解食物中的油脂，在口中留下鲜爽感。单宁有清除黄油、生奶油等乳制品，肉类和生鲜的脂肪成分及植物油成分的作用，所以红茶中的单宁可以分解口中遗留的油脂。也就是说，吃茶点时喝红茶就不会被食物中的油脂成分左右口感，每吃一口都像是第一口的滋味。所以说，享用美食时放一杯红茶在旁边，无论何时都可以享受到新鲜美味带来的感动。

依据不同的美食，红茶的温度也相应不同。

1. **蛋糕、小酥饼、蛋挞等茶点应选择烫热的红茶。**
   单宁含量高的烫热的红茶可以有力地化解油脂，保持清新口感。
2. **炸猪排及其他油炸食品、中国料理等应选用40~50℃的红茶。**
   美食才是重点，要配以适宜温度的红茶以便餐中饮用。
3. **生鲜、凉菜、沙拉、咖喱、拉面等适合选冰红茶。**
   用红酒来打比方的话，冰红茶就是冷藏好的白葡萄酒。适合搭配油脂成分少和刺激性强的料理。

6. 关于奶茶的烦恼

品饮奶茶的英国人主要是先在茶盏里放红茶呢？还是先倒入牛奶呢？关于先放牛奶（MIF，Milk in First）还是先放红茶（TIF，Tea in First）的论争已经持续了许久，实际上先放哪个都没有太大差异，但英国人还是围绕着这个问题展开了长期激烈的论战。先放牛奶派担心烫茶会对纤巧的陶瓷茶盏造成冲击，在牛奶里倒入烫茶的话，由于重力作用无须单独冲泡二者，红茶也会更加美味。相对立的先放红茶派主张先放红茶再倒入牛奶，这样可以调节茶和牛奶的比例而制出美味的奶茶。2003年，英国皇家化学协会（Royal Society of Chemistry）指出应该先放牛奶再倒入红茶，这样才不会引起牛奶的热变性，但很多人还是一如既往地先倒入红茶再放牛奶。

MIF

TIF

7. 茶盏的变迁史

茶第一次传入欧洲是17世纪，因为人们主要饮用的是绿茶，因而当时用的是中国式的小茶盏。后来主要喝烫热的红茶，所以附带着碟盘一起开始使用很深的茶盏。18世纪末开始，茶盏稍微变大了一些，现今使用的有把柄茶盏开始成为主流。

8. 咖啡盏和红茶盏哪里不同?

咖啡盏的重点在于保温性，而红茶盏的重点在于可以欣赏到汤色的视觉效果。所以咖啡盏一般做得又大又厚，红茶盏则像向日葵模样一般宽阔地伸展开。咖啡盏用各种材料制成，但红茶盏执着于白色陶瓷，原因也在于红颜明亮的红茶汤色或奶咖色的奶茶汤色可以一目了然、尽收眼底。

9. 世人饮用最多的茶是哪种茶?

世人饮用的茶有80%是红茶。印度、欧洲等地主要饮用红茶，日本、韩国、中国饮用最多的则是绿茶。美国红茶消费量占比为78%，绿茶为20%，乌龙茶为2%。

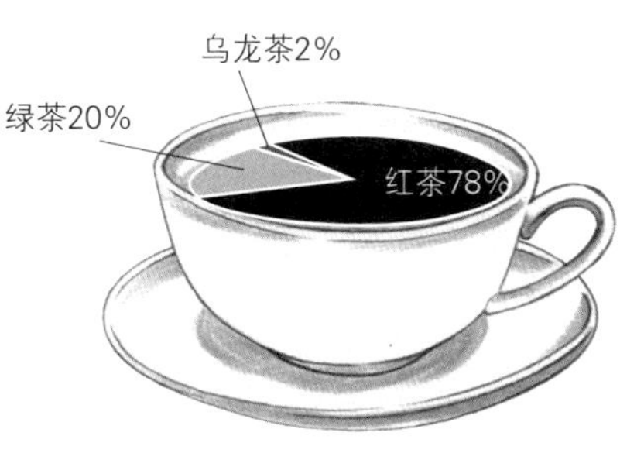

美国茶消费量占比

10. 世界三大红茶是什么?

19世纪末至20世纪初的红茶代表是散发着麝香葡萄香气、被称为“红茶中的香槟”的印度大吉岭红茶，拥有迷人的红亮汤色和清凉香气的斯里兰卡乌沃红茶，以及熟透的果香中满满地感觉得到东方神韵的中国祁门红茶。它们拥有各自的特征，时至今日仍是名品红茶的代名词，被称为世界三大红茶。

11. 哪个国家茶叶的生产量最大？

茶叶生产量最大的国家是中国，中国生产绿茶、乌龙茶、普洱茶等各色各样的茶叶。红茶生产量较大的国家有印度、肯尼亚、斯里兰卡。

另外，虽然中国和印度茶叶生产量较大，但因为国内消费量也较大，出口量反而是肯尼亚、斯里兰卡较大。

主要茶生产国的茶生产量占世界茶生产总量的比重（2010年的标准）

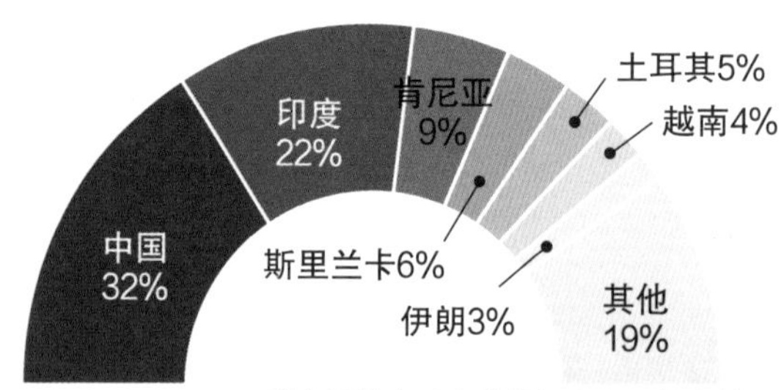

联合国粮食及农业组织（FAO）资料

12. 饮用红茶最多的是哪个国家？

红茶最大的消费国当然非印度莫属，然后是中国、俄罗斯、土耳其、日本、英国等。但如果按人均消费量排列的话饮用最多的是爱尔兰，接下来是利比亚，然后是英国。这些国家的人们大部分都是红茶爱好者。

13. 茶叶拍卖会（tea auction）是指什么？

茶叶拍卖会是印度等茶叶生产国开展的茶叶竞卖活动。有新茶产出就通过拍卖来买卖。一般来说，个人想要直接购买到茶园刚出的新茶难度很大。国别不同，每周都会举行1~2次竞卖，只限注册登记过的买主参加。

一产出茶叶，生产者就会寄样品给负责中间流通的中间人。中间人向注册过的买主寄去样品，这样买主可以提前做检测、品鉴。买主通过在茶叶拍卖会上竞价购入茶叶。

14. 什么是产地红茶?

一个茶园里当年收获单一品种的茶后拿到市场上贩卖的红茶叫产地红茶或单一产地红茶，印度的大吉岭地区是产地红茶的最大产地。

15. 为什么立顿被称为“红茶之王”?

通常，说起红茶首先会想起立顿茶包。对将红茶普及到市民都可以买到物美价廉的茶叶这一点贡献最大的正是托马斯·立顿（1850—1931）。他出生于苏格兰，父母在苏格兰商业区开着一家贩卖黄油和火腿等的食品杂货店。虽然家境贫寒，但托马斯·立顿从小就对做生意有着浓厚的兴趣，常以顾客的母语来招待顾客，是爱尔兰人就说爱尔兰语，是苏格兰人就说苏格兰语，因此吸引来更多顾客。15岁时，他前往美国并寻得一份百货店员的工作，学习了美国式的市场营销技巧，19岁重返苏格兰。

从美国回苏格兰后，立顿从父亲的商店独立出来开了自己的商店。他的广告和经营方法十分新颖。他在运货的马车上大字写着“立顿”，为宣传火腿和香肠是用新鲜的肉做成的而把猪肉洗得干干净净后在马路上游街展示，在大的广告牌上展示特色文具……这些新颖的市场营销方法取得了成功。

1880年，立顿开了超过20家连锁店。接着，他为将实惠又可以即时品饮的美味红茶普及市民而尝试了多种方法。他抛弃了旧式称重销售的方式，改为将茶放在薄膜里包装，然后雇用专业的品鉴专家，根据地方水质特性制成调配红茶销售。

1890年，立顿前往斯里兰卡买下了一片正在开垦中的乌沃的土地并成功生产出茶叶，然后利用全球的红茶流通网供给红茶。立顿有名的广告语——“从茶园直接到茶壶的好茶”就是由此而来的。现在，立顿是继可口可乐、百事可乐、雀巢咖啡之后的世界第四大饮料品牌。

16. 茶包最早来自谁的灵感？

茶包的出现源于偶然的误会。1908年，纽约的茶商托马斯·沙利文为销售茶叶，常常给茶叶的潜在消费群寄送样品茶，为节省茶叶，就将少许茶叶放在小锦囊里寄送给顾客。不久，果然来了很多顾客购买茶叶。但他们不是为了买收到的样品茶叶而来，而是为了带锦囊的茶叶这一整体而来。因为他们把茶叶连同锦囊一起放在了茶壶里冲泡。不用将茶叶一一拿出来、洗茶壶也变得更加便利的茶包诞生了。

17. 你知道冰红茶的起源吗?

19世纪的食谱书上已经有冰红茶和茶藩趣的相关记载。实际上，冰红茶正式被世界知晓是通过1904年圣易路斯的国际贸易展览会实现的。国际贸易展览会举行在盛夏，没有人想要品尝烫热的红茶。代表东印度的理查德·布莱斯顿为了宣传印度红茶，就在红茶里放入冰块，于是人们纷纷聚集而来。自此，冰红茶在全世界流行起来。时至今日，美国仍是冰红茶之国。美国冰红茶的消费量占整个红茶市场的80%。

18. 你了解路易波士茶吗?

Camellia sinensis 就是指用茶树的叶子做成的东西，称之为茶，所以路易波士茶既不是红茶也不是绿茶。最近人气很旺的路易波士茶，是用非洲叫作路易波士的红色灌木的针形叶和茎制成的香草茶。它不含咖啡因，含有的成分可以有效防止老化。

19. 红茶的英文名称为什么不是red tea而是 black tea?

在中国明明是红色的红茶到了西方却被称为黑茶（black tea）。中国茶里黑色的茶才叫黑茶，是和西方黑茶（black tea）完全不同的。中国西南部大叶种茶树的叶子制出的黑茶，其实就是普洱茶。中国最早传播到欧洲的被称作green tea的，就是汤色呈浅绿色的绿茶。后来流行的正山小种系列红茶，用英国硬水冲泡后汤色加深，相比红色反而更接近黑色，所以称之为黑茶（black tea）而不是红茶（red tea）。

20. 你知道韩国曾是红茶生产多于其他茶的国家吗?

韩国从三国时代就开始栽培茶树，有着绚丽的茶文化、悠久的茶史。现在只要一提韩国国产茶，浮入脑海的都会是绿茶。实际上，开发近代茶园后主要生产的是红茶，直到1988年绿茶的生产量才超过红茶。

据新闻记载，1962年8月12日，大韩红茶工业株式会社宝城茶工厂竣工，如果全年加工75 000罐，其中制成15 700罐红茶用于出口的话，单年就可以赚到数十万美元现汇；还登载了全罗南道宝城村栽培茶叶的全景照片、采茶女的图片以及关于红茶制造工厂栽培、加工、制造等一系列的相关报道文章。

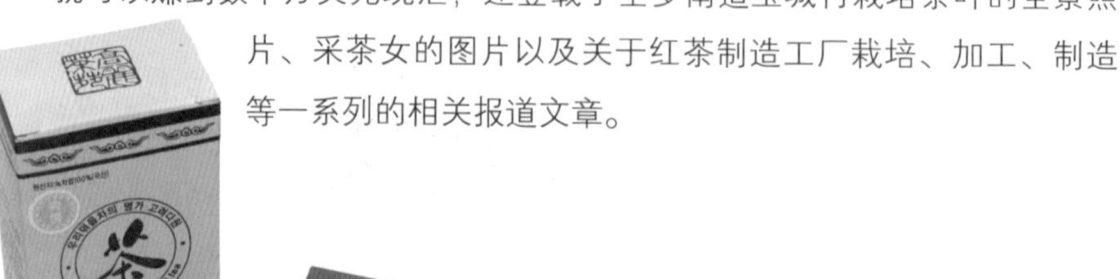

日本殖民统治时期，京城化学工业株式会社在宝城郡开垦了300 000m^{2}茶园，种植了适合制成红茶的印度品种茶树，形成了最初的大规模茶园。1957年，大韩红茶工业株式会社（现称大韩茶业）设立。1961年实施了《特定外来商品买卖禁止法》，开始禁止咖啡和红茶等外来饮品的进口。但是由于咖啡和红茶已经成为两大嗜好品，国内的红茶需求急剧增加。大韩茶业开始从日本引进红茶加工机械生产红茶。紧接着，大韩红茶、韩国红茶、东方红茶等也开始生产红茶。《宝城乡土事》（1974年）、《我故乡的传统栽植》（1981年）里都记录着宝城的特产名品是红茶。

20世纪60～70年代，韩国红茶的消费量远远高于绿茶，然而使用南部地区适合制成绿茶的茶叶制成的高级绿茶开始人气大旺，红茶渐渐被人遗忘。1988年绿茶生产量超过红茶。

现在，韩国也用国产茶叶制作红茶。大韩制茶的宝城红茶、梅岩制茶园、蒙中山茶园、大采茶园和高丽茶园等都生产红茶，汤色透明红艳，茶香温和香醇。

同时，为拉动国内茶消费，全南农业技术院自主开发的有机红茶在2012年国际农业展览会上引起了强烈反响，梅岩茶文化博物馆开设了红尘制茶教室，开展红茶制茶教育和制茶体验项目。希望韩国红茶今后走向更宽广的领域。

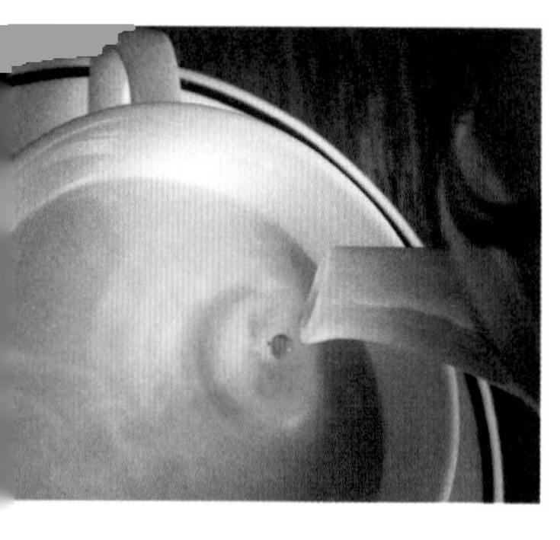

最好的红茶时光